U0187621

Almaty

Wulumuqi

Islamabad

Xining

Lanzhou

New Delhi

Enlightment
of
Silk Road
Civilization

丝绸之路
文明启示录

丁 方 著

江苏凤凰美术出版社

作者简介

丁 方

1956年生，1986年硕士毕业于南京艺术学院，师从刘海粟、苏天赐。曾任教、职于南京艺术学院、中国美术报、南京大学等，现任中国人民大学文艺复兴研究院院长、教授、博士生导师，原中国人民大学艺术学院院长，兼任文旅部国家重点实验室学术委员会主任、中国美术家协会综合材料与修复委员会副主任、中国油画学会理事、意大利安布罗斯学院院士、意大利达芬奇理想博物馆名誉研究员等，承担《当前中国美术创作重大问题研究》《佛教艺术图像学研究》《神圣山水》《艺术品修复人才培养》等国家级课题。

上世纪80年代初，丁方只身行走黄土高原，用生命丈量大地、以灵魂创造艺术，同时深入研究西方文艺复兴、探索东方文艺复兴，成为"85美术新潮"的领军人物。几十年来，他参加、举办画展两百余次，屡获国际、国内艺术大奖，作品被中国各大美术馆及艺术机构收藏。

近年来，丁方所提出的东、西方文艺复兴思想理念及对文艺复兴艺术理念和技法的研究为中国绘画艺术的未来走向提供了借鉴。他积极倡导"东方文艺复兴—技术艺术学"学科构建理念，在绘画材料研究和转换、东方壁画保存和修复、古代大师杰作传承和转化以及东方文化精神与艺术遗产的当代创造等方面进行了具有开拓性的研究。

出版《东方文艺复兴之旅丛书》（中国文联出版社）、《丁方绘画作品集·文艺复兴在东方》（人民美术出版社）、《我心在高原》（生活·读书·新知三联书店）、《一个人的文艺复兴》《为晨曦而流浪大地》《光是线》（江苏凤凰美术出版社）等著作、画册二十余部。

目

录

Wulumuqi

Xining

Lanzhou

Delhi

玉石之路
与中华民族迁徙

Enlightment of Silk Road Civilization

第一章　玉石之路与中华民族迁徙

在丝绸之路畅通之前，一条古老的玉石之路早已在欧亚大陆上繁盛开花多年。这条路线承载着上古先民们对玉石的崇拜之情，也勾勒出早期中华民族（藏羌先民）的伟大迁徙路程。在漫漫历史长河中，它逐渐与丝绸之路叠合，并沿途哺育出一系列古代东方精神文化高峰。

第 1 节　玉石之路和中华民族迁徙史

与"玉石之路"最有关联的地理区域是什么？可能大家想不到——青藏高原！这是一个具有绝对垂直向度的地理单元，它和上古时代中华先民的迁徙历程及玉石文化密切相关。根据最近几十年的考古发现，青藏高原已被证明是人类迁徙的重要的交汇处，同时也是中华民族迁徙路途中的关键节点。青藏高原的自然地理高度，决定了一个民族心智的想象力以及精神文化的包容度，但这需要在漫长的历史中方才可以呈现出来。

在众多内涵丰富的地上遗存物中，青海的海西岩画是一个典型案例。它们分布于中国西部的深邃大漠与高山脊腰，可谓无处不在；从东头天峻的卢山岩画到西部格尔木的唐古拉岩画，散布在方圆2000平方公里范围之内，这个区域恰巧与藏羌先民们在迁徙途中的滞留地相叠合。正是在辗转于青藏高原的数万年期间，中华先民对山脉的体认与崇仰，逐步奠定了民族心理与精神气质的深层结构。这时，一个重要的标志应运而生——日月山。它是一座位于青海省湟源西南、海拔逾4000米的山峰，被古代先民从祁连山脉系列山峰中拣选出来，作为神圣之山而被尊崇。

如今，仍能从语言学角度觅得其神圣气息的蛛丝马迹："日月山"的藏语是"尼玛达瓦"，蒙语是"纳喇萨拉"，均为"神圣之山"的意思。日月山南面脚下是著名的倒淌河，它正是日月山神奇之处，水流不是由西向东，而是由东向西逆向而行！这仿佛是一个高悬头顶的神秘象征：上万年前，藏羌先民们在这里依据上天的旨意而分化，藏缅语系和华夏语系的子民各奔东西，形成了中华民族如今的格局。

现在可以根据考古资料来确定，日月山就是"昆仑神话"中的昆仑山，而湟源亦是西王母故里。从宗家沟石窟群的西王母石室[1]，延伸到大华中庄的卡约文化遗址，它作为西王母国的政治经济中心，构成了新月状地域，其中封存着上古时代中华先民迁徙的密码。而从湟源继续往西，可看到德令哈的怀头他拉岩画[2]，年代约为北朝至隋唐时期。昆仑山口的石碑上有诗人苏轼题写的黄河诗句："活活何人见混茫，昆仑气势本来黄。浊流若解污清济，惊浪应须动太行。帝假一源神禹迹，世流三患梗尧乡。灵槎果有仙家事，试问青天路短长。"这首诗以宋代人的眼光，将昆仑山的气脉与大禹治水的功业放在一起评说，展示了一种荡气回肠的历史人文胸襟。

相比宋代文人所讴歌的大禹治水的功绩而言，昆仑山还承载着中华民族草创时的历史记忆。在中华民族文化中，昆仑山被誉为"华夏第一

---

[1] 西王母石室位于中国青海省海西蒙古族藏族自治州天峻县的二郎洞，其在关角山下的一座小山，高仅 20 多米，传说是美猴王与二郎神大战时削下来的山尖。

[2] 怀头他拉岩画位于怀头他拉乡西北约 40 公里处的哈其切布切沟内。初步测定，岩画的创作时间是北朝后期和隋唐时代。岩画制作技法精致，绘制风格独特，表现内容广泛，包括动物、人物、狩猎、放牧、植物、舞蹈以及性爱等方面的内容。岩画不仅有很高的艺术价值，也有极高的学术意义，填补了游牧民族居无定所而造成的文物、文献史料不足的缺憾。

昆仑山（郑云峰 摄）

圣山""万山之祖""龙祖之脉"，其巍峨的身姿见证了中华民族由蒙昧走向文明的进程。起源于此的昆仑创世神话，更是中华民族最早的创世记录，对其形成与发展产生了重大影响。伏羲、女娲作为人类初祖的神话便是昆仑创世神话之一，唐李冗撰写的《独异志》[1]下卷记载了女娲兄妹因"天下未有人民"而相互结合、生育的故事，这在血缘婚姻逐渐退出人类发展史，并伴随有一定的伦理道德的日渐形成时，具有超出寻常的想象力。此外，昆仑神话故事中广为流传的还有：女娲炼石补天、西王母与东王公、穆天子西游、共工怒触不周山、仓颉造字、伏羲制八卦、神农尝百草……我们仿佛感受到华夏先民在迁徙的过程中那铿锵有力的沉重步履，也能体会到他们的脆弱肌肤与粗粝大地磨合的声响。而最令人感到惊奇的是：先民们在辗转于昆仑山周边的凄苦环境中时，却万分珍视这山脉所孕育的玉石，这种对温润质感的热烈追求正是祖先过多承受暴戾自然的反证，也由此孕育出伟大的玉石之路。

我们把"玉石之路"作为探讨与解析"丝绸之路"的前提，因为这项更为深远的"溯源"工作使我们能够在错综复杂的历史脉络中寻找部

---

[1]《独异志》，唐李冗撰。原本10卷已散佚，传世明抄本与《稗海》本均为3卷。此书《新唐书·艺文志》《宋史·艺文志》皆署作者为李冗，《崇文总目》作"李元"，《四库全书》作"李亢"，疑皆形近而讹。

族群落的迁徙痕迹，从而钩沉人类文明发展史上失落的重要往事；而巧合的是：印证这段往事的物质正如丝绸一样被我们所津津乐道，其身世更为久远与神圣，这便是"玉"。在中国传统认识中，美石为玉，玉是石头的精华；或按《辞海》中的广义解释，玉就是"温润而有光泽的美石"。最早的玉是辽宁查海遗址的透闪石软玉，时间在距今8000年左右的新石器时代早期。按照一般的解释，"玉石是人类在长达数万年的迁徙过程中，运用石料制作工具经过筛选确认的具有社会性及珍宝性的特殊矿石"。但不论怎样讲，玉从一开始出现便使中华先民如痴如醉，随之衍生出丰富多彩的玉文化。与其温润光泽的外表不同的是：玉石输往中原的历程竟然蕴含着令人难以想象的艰辛。在本章中，我要把"玉石之路"和中华民族的迁徙历程进行有机结合，来探讨中华文明开创时"如火烈烈"的景观与人文价值追求。

第2节　中国玉文化与人文精神

古代中国人对玉石的崇拜可追溯到万余年前的昆仑玉文化，在此基础上所衍生出来的新石器玉文化，如红山、龙山、良渚、石家河、齐家文化等皆可视为昆仑玉文化的一个分支。如：红山文化玉器多产于岫岩县的透闪石玉、蛇纹石玉，良渚文化玉产于江苏溧阳小梅岭的斜长石玉，其祖源皆来自昆仑山周边的透闪石玉矿脉。

随着考古发掘的深入，可以清晰地梳理出中国历史上的玉石之路由三个走向构成：北玉南调、东玉西传与西玉东输。北玉南调和东玉西传是作为玉石信仰和器物制作技术的传播路线存在的，而西玉东输是作为玉资源的调配路线存在的。目前，对玉石信仰和器物制作技术的传播之路的重构，相对较为困难，还需等待更多的物证。因此，"西玉东输"是目前玉石之路研究的主要方向。此条路线正是昆仑玉的东输路线，因此"玉石之路"也称为"昆山玉路"。而在这个方面的梳理，可以在后世诸多的考古遗迹、文献资料和文学作品中得到印证。商王朝是玉文化发达时期，这时的中华农耕文明的定居生活渐趋成熟，玉器的等级愈益细分，形成了有序的体系。商代玉器大致有三种来源：1. 新疆玉（透闪石玉）；2. 岫岩玉（蛇纹石玉）；3. 南阳玉（斜长石玉）。其中新疆玉为主体，这与中华先民经年累月蕴积的昆仑山经验密切相关。

一个著名的范例就是：1998年全国十大考古新发现之首的"凌家滩遗址"，是5000多年前一处大型新石器时代晚期聚落，地点在安徽省含山县凌家滩村的裕溪河中段北岸，总面积约160万平方米。遗址区内发现有新石器时代晚期人工建造的祭坛、大型氏族墓地以及祭祀坑、红烧土和积石圈等重要遗迹，出土有精美玉礼器、石器、陶器等珍贵文物。这要比引起学术界极大关注的河南安阳殷墟妇好墓发掘出土的750余件玉器更为轰动。后者的成果是鉴定这些玉器都属于和田玉，表明早在3000年前和田玉已经进入中原地区；而前者的意义在于直接把中华文明的起源推进到5300年前。有一个无可辩驳的事实是：这些遗址都与"玉石之路"有着不解之缘。关于玉石之路的最早产生时间，史学界仍有很

凌家滩玉鸟

大争议，但无论怎样，在周朝时"昆山玉路"已经成为昆仑玉石与丝绸之路及中原各地交流的一条要道。另一桩史实至关重要，公元前1000年左右，周穆王巡狩天下、广收玉器，他亲自拜访位于青藏高原的西王母国，与西王母双双携手越过葱岭，前往艾克塞湖狩猎并弯弓射大鸟，满载白羽而归。周穆王巡狩天下广收玉器之事，绝非一般意义上的浪漫主义故事，它的真实内涵是对中华共同祖先的生存方式与迁徙来路的民族认同。

与周穆王西巡大约相同时期，摩西正率领犹太人从埃及出走，跨越红海，经西奈山向神（耶和华）所允诺的"迦南之地"行进。这种巧合的现象暗示了迁徙经验对古老的民族塑造自身精神历史的关键作用。由春秋战国的史官撰写的《竹书纪年》是一部了不起的史书，其中的"穆王篇"详细记载了周穆王于公元前963年西巡的路线，该路线是从都城镐京出发，经河南，过滹（hū）沱之阳到犬戎之地，西行至河西，再沿黄河而上，经宁夏到甘肃，过青海入新疆，经昆仑瑶池之会，越过葱岭到中亚草原、费尔干纳盆地，然后逆向返回镐京。其结果是留下了一部历史典籍《穆天子传》[1]，我们要注意其中这段文字的描述："至昆仑之西，东还时至于群玉之山，取玉三乘，玉器服物，于是载玉万只。"从解神话学角度，这段话蕴含了一个通过对玉器寄托而表达的强烈冀望——寻根认祖。这一重要历史事件开启了中华文化材质精神史的言说，也证明了周穆王西巡线路与古代的玉石之路是相吻合的。

在两周时代，人们推崇"禺氏玉""汉江珠"，这是一种对玉的高级品赏阶段，为春秋战国时代贤哲们构建玉材性质与人格品德的喻释体系而奠定了基础。孔子对玉质这样评论道："温润而泽，仁也；缜密以栗，知也；廉而不刿，义也；垂之如队，礼也……"那么，君子与玉之间究竟是何种关系呢？"诗云，言念君子，温其如玉，故君子贵之也。"意思是自《诗经》时代起，只要提到君子，就会比喻其性情温厚如昆仑玉，皆因为它的贵重品质；或者也可以这么理解，所谓君子就是参透天地之道、性情温厚如玉者，三位一体。

在玉的质地的价值判断方面，透闪石玉料即昆仑玉，自古以来始终处于正宗，地位在其他玉料之上，究其渊源，皆因昆仑山系是中华先民艰难迁徙历程的必经之途。昆仑神话是中华民族的创世神话，其宗祖的地位无可挑战。因此，战国时代著名的"和氏璧"便出自昆仑美玉，它一经确认，便被钦定为传国玉玺的质料。古籍中对于昆仑玉的记载俯拾

---

[1]《穆天子传》以日月为序，分为6卷。前4卷详细记载了周穆王驾八骏西巡天下之事，行程三万五千里，会见西王母。其周游路线自宗周北渡黄河，逾太行，涉滹沱，出雁门，抵包头，过贺兰山，经祁连山，走天山北路至西王母之邦（乌鲁木齐）；又北行一千九百里，至"飞鸟之所解羽"的"西北大旷原"，即哈萨克斯坦；回国时走天山南路。第5卷，则叙述姬满两次向东的旅游经历，沿途与各民族频繁往来赠答，如：珠泽人"献白玉石……食马三百，牛羊二千"，穆天子赐"黄金环三五，朱带贝饰三十，工布之四"等，从中可以看到当时物资交换的规模、方式、品种。这是我国有文字记载的最早的旅行活动，周穆王堪称是我国最早的旅行家。第6卷记穆王美人盛姬卒于途中而返葬事。

皆是。屈原在《楚辞·九章·涉江》[1]中写道："登昆仑兮食玉英，吾与天地兮比寿，与日月兮齐光。"《史记·李斯列传》[2]中李斯在上书秦始皇的《谏逐客书》[3]里面也写道："今陛下致昆山之玉，有随和之宝。"

中华玉文化经两周、先秦、两汉至魏晋时代达到高峰，《世说新语》[4]中"君子以玉比德"的有关论述，将昆仑神话起始的"玉石、人格、道德"系统，赋予时代的新解释，同时它也是魏晋人格精神与物质对应的主要基础。到了明代，专家们对玉传统已形成模式定见。宋应星《天工开物》[5]曰："凡玉入中国，贵重者尽出于阗。"曹昭《格古要论》[6]中则记载："玉出西域于阗国，有五色，利刀刮不动，温润而泽，摸之灵泉，应手而生。"这些总结固然不错，但毕竟时过境迁，人们对玉的感受已蜕变至"把玩"层面，玉原先所具备的那种深邃的精神意义已基本流失殆尽。

通过以上的梳理，我们可大致了解"玉石之路"的传播途径和玉石对中国文化的塑造。值得注意的是：原故宫博物院副院长杨伯达[7]先生指出：昆山玉路其实并非只是一条路线，而是在不同时期有不同的路

---

[1]《九章·涉江》是战国时期楚国诗人屈原晚年的作品。

[2] 出自《史记》卷八十七《李斯列传第二十七》。

[3]《谏逐客书》作于秦王政十年（237年）。

[4]《世说新语》是南朝宋时，由刘义庆组织一批文人编写的，又名《世说》。其内容主要是记载东汉后期到晋宋间一些名士的言行与逸事。

[5]《天工开物》初刊于1637年（明崇祯十年），共三卷十八篇。全书收录了农业、手工业，诸如机械、砖瓦、陶瓷、硫磺、烛、纸、兵器、火药、纺织、染色、制盐、采煤、榨油等生产技术。

[6]《格古要论》是中国现存最早的文物鉴定专著，明曹昭撰。曹昭字明仲，江苏松江（今属上海）人，生卒年不详。

[7] 杨伯达，男，汉族，1927年生于辽宁旅顺，祖籍山东蓬莱。故宫博物院研究馆员。1948年华北大学美术系毕业。曾任故宫博物院副院长、中国博物馆学会副理事长、北京市人民政府专家顾问团顾问、北京大学考古系玉器硕士研究生导师。

线，甚至同一时期不同路线并存。例如：春秋战国时期，秦、晋、燕、齐等诸侯强国可能越过东周朝廷向昆仑取玉，而此时在之前的昆山玉路上出现了一个半独立的月氏国隔断了昆山玉路，所以在此时出现了一条"月氏玉路"。他还认为：汉武帝打通了通往西域的丝绸之路后，玉石之路便被人淡忘了。一位专家在《和田玉与中国的"玉石之路"》一文中认为，和田玉始终是中国贵重玉器的一个很大来源："凡玉入中国贵重用者，尽出于于阗。"因此，昆山玉路自古以来始终存在。

正是昆仑神话和昆仑玉，使昆仑山成为一座神圣的大山。这座山成为中华民族的象征，它是中华民族的"文化坐标"，承载着华夏先祖的原始崇拜，演绎成中国人共有的精神家园。千百年来，昆仑山代表着中国群山的缩影，屹立在中国西北这片高原陆地上，并以万壑纵横、奇幻神秘之姿，向世人展示着雄伟辉煌的风采。人们常用"巍巍昆仑"四字来形容中华民族的人文性格和文化内涵，而"赫赫我祖，来自昆仑"的语句也揭示了早期华夏先民的迁徙历程。

在新时代，古老的中华玉文化面临着一个"意义再阐释"的历史性机遇，应借助对玉文化的研究返回民族迁徙本源，追溯到昆仑神话和玉石之路的探究层面。这样便可复兴"中华玉文化"的精神性，重新拾回其失落的价值意义，使之成为当代中国文化建设的思想资源。以一个更为长远的眼光来看，这种对暗藏于东方神秘历史隧道中精神能量的挖掘，将会极大促进东方文明的全面复兴。

第 3 节　轴心时代与东方文艺复兴

众所周知，人类社会的发展与进步是伴随着岁月流逝、文明间的相互交往而形成的。从时间维度来看，人类最早的苏美尔文明的诞生到

　　"旅行者"号飞抵太阳系边缘，人类文明历经了波澜壮阔的6000年历史。而从空间维度上看，人类早期主要的文明形态均集中在欧亚大陆，它由阿尔卑斯—喜马拉雅山系为东西绵延走向，以帕米尔—青藏高原为垂直向度，形成首尾关联的文明珍珠链。从东亚的中华文明、南亚的印度文明到地中海的米诺斯文明，人类历史的进程总是伴随着这块大陆此起彼伏、波澜壮阔的事件而行进着，直到15世纪以降的大航海时代，人类视野才从这片幅员辽阔的大陆移向别处。

　　从某种意义上讲，人类文明史就是欧亚大陆上各种文明的发生史与交流史；而且正是通过相互之间的密切交流，在这片沃土上诞生了影响人类历史进程的轴心时代五大精神文化高峰，它们自西向东分别是希伯来文明、希腊文明、波斯文明、印度文明和中国文明。五者看似不同，每个文明都有独特的基因，却在同一时期各自从早期的质朴成长中超拔出来，形成涵盖人类普遍价值的文明体系。正如德国思想家卡尔·雅思贝尔斯[1]在《历史的起源与目标》[2]中所说："人类一直依靠轴心时期所产生、思考和创造的一切而生存，人类文明每一次新的飞跃都要回顾这

---

[1] 卡尔·西奥多·雅思贝尔斯（Karl Theodor Jaspers，1883 年 2 月 23 日—1969 年 2 月 26 日），德国存在主义哲学家、神学家、精神病学家。雅思贝尔斯的成就主要在探讨内在自我的现象学描述及自我分析与自我考察等方面。他强调每个人存在的独特性和自由性。

[2]《历史的起源与目标》，雅思贝尔斯著，华夏出版社，魏楚雄、俞新天译，1989 年。雅斯贝尔斯在《历史的起源与目标》中说，公元前 800 年至公元前 200 年之间，尤其是公元前 600 年至前 300 年间，是人类文明的"轴心时代"。"轴心时代"发生的地区大概是在北纬30° 上下，就是北纬25° 至 35° 区间。这段时期是人类文明精神的重大突破时期。在轴心时代里，各个文明都出现了伟大的精神导师——古希腊有苏格拉底、柏拉图、亚里士多德，以色列有犹太教的先知们，古印度有释迦牟尼，中国有孔子、老子……他们提出的思想原则塑造了不同的文化传统，也一直影响着人类的生活。而且更重要的是，虽然中国、印度、中东和希腊之间有千山万水的阻隔，但它们在轴心时代的文化却有很多相通的地方。

一时期。"

从大历史的视角回望，每一种文明的兴盛和复兴都是借助一到两个轴心时代的思想文化资源而崛起，正如西方文明的源头是两希文明（希腊、希伯来）一样。在现今的全球化时代，人类社会越来越趋向于一个命运共同体，我们的价值追求也应服务于"人类命运共同体"的理念。所以，从单一角度来谈某个文明的价值形态，并执着于以此作为全部资源，既不符合时代潮流，也不符合对真理的追求。在21世纪全球已形成构建"人类命运共同体"普遍共识之际，我们更加需要对轴心时代的东方五大思想文化高峰进行整体回溯，从中汲取资源，以中华民族伟大复兴来引领整个东方世界的复兴。

这便产生一个问题：轴心时代的各个文明在地理上皆相距甚远，在性质上也是各不相同，它们之间的交流借鉴、相互融汇如何成为可能？我们有无可能通过一个根植于历史传统的线索将其贯穿起来？回答是肯定的。这个线索便是古代以来各个文明之间频繁的信仰传播、文化交流以及使团往来与经贸活动，它们以横贯欧亚大陆的丝绸之路为表征。这条线路将人类的文明烽火依次照亮并整合起来，这也正是撰写《丝绸之路文明启示录》这本书的重要原因。只有整体读懂丝绸之路沿线各文明单元所发生的历史事件以及相互之间的内在关联，才能做到以史为鉴，并对人类社会未来走向做出明智判断。

前面所说的内容都属东方文艺复兴学理范畴，那么它的内涵究竟是什么呢？另一重要问题随之浮现出来，即："中国文化复兴"与"东方文艺复兴"两者间究竟是什么关系？虽只是几个字的差别，但其内涵却相差甚远。清末民初，中国开始变法维新，一批忧国忧民的人士积极推进中国文化复兴，其中以胡适与陈独秀为代表。他俩观点基本一致，均把"文艺复兴"看成是"革故更新"，不仅仅是文学艺术，而且应当是政治、宗教、伦理道德、文学艺术的全面革命。在胡适之前，很多中国学者把"文艺复兴"看成是"古学复兴"，这是晚清民初的一种流行的普遍看法。这当然不是没有根据，日本学者也是这么看的。19世纪后期明治维新以来，日本学界翻译了很多欧洲文明史书籍，对文艺复兴都有详细介绍，其中法国历史学家基佐的《欧洲文明史》（*Histoire de la Civilisation en Europe*，1828）对日本影响巨大，一部书居然有三个不同译本。在维新大体成功的明治二十年之后，很多日本学者把"文艺复兴"的重心理解为"古学"即希腊罗马古典（文学、哲学与艺术）的再发现和新解释，从而使欧洲走出了中世纪。对上述各种思潮涌动、不断推陈出新的时局，学者汤一介有一句非常敏锐的概括语："当前中国是文艺复兴的前夜。"

古人云："礼义廉耻，国之四维；四维不张，国乃灭亡。"换言之，"四维既张，国乃复兴"。这说明了中华人格精神与人性普遍价值的融会贯通，是中华民族复兴的必由之道。中国的文化复兴，当然是指传统文化的振兴，稍有常识的人都知晓应该是儒、释、道传统文化，而且一定要追本溯源。按此理推论，"儒"应该是原儒及儒学原典，"道"应该是原道及道学原典，"释"当然也应该是原初佛教及佛学原典。在这里暂不展开与此有关的学理探讨，而是把眼界开阔至人类文明整体景观的全视野，来比照出中国文明的价值身位。

上述话题使我们自然联想到德国思想家卡尔·雅思贝尔斯的"轴心时代"理论，他举出的人类精神文化五大高峰，恰好包含中国先秦诸子百家，印度、波斯以及希伯来、希腊（两希文明）——即西方文艺复兴的源头。

追溯源头的目的，不仅是为了深入人类精神之本，以获得创新动力，同时也是为了与后来的文化扭曲划清界限。这是一项纯粹学理的探

长江源头（郑云峰 摄）

究，虽较少有助于现实功利，但却具有重大的学术意义。

参照人类文明发展的通常经验，中国的文艺复兴是指在人类伟大精神思想引导下的文化形态复兴，概指文学、建筑、雕刻、绘画、书法、音乐、舞蹈、器物造型、礼仪服饰、工艺技术等，大致与西方文艺复兴同理。让我们来看看西方文艺复兴。西方世界自9世纪的"加洛林文艺复兴"便开始了漫长的理论构建，一方面是从教父神学向经院神学转化，另一方面是新柏拉图主义——神学美学的不断成长，其间与诗学、文学密切交融。公元13世纪，理论丰盈的西方世界率先从建筑发轫，然后带动起雕刻、绘画、音乐、圣器、礼仪服饰、工艺美术……逐步构建起文艺复兴的宏伟殿堂，其顶峰标志便是意大利的精神文化综合体，如罗马梵蒂冈的圣彼得大教堂。

这里有一点值得注意，西方文艺复兴虽是秉承两希文明，但实际上却囊括了整个人类文明，凭借地利而将地中海古代文明精粹——埃及、两河流域、巴勒斯坦、小亚细亚、爱琴海，以及安纳托利亚、伊朗高原以东的里海、中亚、南亚等古代文明，连同拜占庭与伊斯兰文明包容在内，一起兼容并蓄，最终形成了一个以"世界主义"情怀为标志的新型文明。

　　由此我们推导出：中国的文艺复兴一定要追本寻源，其"本"应是东方大地之本，其"源"应是中华民族迁徙之源；换句话说，应该立足于中国所独具的世界绝对地理高度，俯瞰"一带一路"，把握人类文明，如此才能将"人类命运共同体"的愿景与文艺领域的全面复兴整合于一体，其复兴的结果达到与世界文明等量齐观的高度。

　　问题在于：在世界文明的历史格局中，中国是一个相对封闭的文明形态，除了在公元最初的几个世纪受到佛教东渐的巨大冲击外，较少与世界其他主要文明形态发生碰撞与交流，其先秦人文精神与"天下大同"的理想，基本未曾走出过国门。中国的文艺复兴将复兴什么，走怎样的复兴之路，似乎成为一个学理难题。

　　"山重水复疑无路，柳暗花明又一村。"我们若将眼光放得更远些，或许能轻易解围。费迪南·布罗岱尔新编年史学派的理论意外地具有启迪意义，他认为：对一个伟大文明形成决定性影响的应该是"不变的历史"而非"流变的历史"。所谓"不变的历史"，即形成这个民族与国家的生存基础——山河大地，这一理论框架恰好与中国的历史文化处境对位。

　　我们以为：孔子的思想与情怀，与其说是一个伟大时代的开始，倒不如说是对一个伟大时代的回望更为确切；那是一个与中华民族迁徙史密切相关的时代，先民们从大山大水中一路走来，锤炼锻造出《山海经》、"昆仑神话"等经典神话。孔子正是通过对古典山水与人文精神的领悟，而转换为对上古时代"礼""乐"精神的赞美与弘扬，并描绘出心目中的"理想世界"。也许与其家族的高贵血统有关，孔子所崇尚的是三皇五帝与尧舜禹的时代，那个时代提倡天下为公、任人唯贤，哲贤们用"仁者乐山，智者乐水"来比喻之，山、水从此与人格品质密切相关。

　　上述情怀与老庄"道法自然""天人合一"的精神汇聚为一个焦点，还原出古人以对山、水的崇敬为起点，溯源祖先迁徙印迹与生命记忆的图景。我们在"高山仰止""高山流水""仁者乐山、智者乐水"等言简意赅的古代成语中，能还原出当初的完美轮廓。

　　中国古代山水精神十分遥远且已失落，对于今天的读者们来说是一个沉重的尘封秘密。但它在旷世奇书《穆天子传》中，透露出重要信息。如前所述，这部奇书中只说了两件事——登山、寻玉，但这恰恰是上天给我们洞悉中华文明核心的一把钥匙。山是中华先民生存之源，玉则是民族精英的人格之本；这两种物质基本概括了中华民族的所有生存经验，并打造出这个民族的价值观。

　　总体来看，中国人对于宇宙天地万物的看法，体现出一种强大的整体把握能力与解释能力，它们支撑中国文明安然度过各种危机且至今仍存。但也有一个深刻的潜在危机：先秦诸子百家的各种学术思想，均缺乏个人生命对垂直向度的祈盼与超越，这种抹平的特征虽然成就了大一统中原王道的历史伟业，但却闲置了中国自然地理最高海拔存在的价值。这或许可以解释为何自古以来，只有外来精神对中土的传入，而绝少有中土精神的对外输出；只有中国对他者信仰文化的接纳与包容，而未见中国思想对世界人类文明的主动贡献。

从大历史的视角来看，中国文艺复兴之路，首先应该将自身主动纳入东方古代文明的序列，在仔细比较出相同点与差异点的基础上，找到准确的历史文化定位，其目标是构建一个更加整体的概念。由此我们推出"东方文艺复兴"的概念，它成为将"中国文艺复兴"包含在内的一个更为完整的理念。它一方面与西方文艺复兴对应，另一方面又成为中国文艺复兴的愿景：既有效覆盖了"一带一路"，同时又贴切阐释了"人类命运共同体"的内涵。

在此有必要在学理层面上深入探讨一下"东方文艺复兴"，这仍然要追溯到德国思想家卡尔·雅思贝尔斯所说的"轴心时代"五大思想文化高峰，由此方能全面观照东方古代世界的文明成就，从而甄别酌定先秦诸子百家在其中的价值意义。从轴心时代（公元前5世纪）到文艺复兴（16世纪）为期2000年，始终是东方古代文明对西方的灌注，这两个千年书写了东西方文明交流衍变的核心部分，它构成了思考当今人类文明未来发展前景的基础，有如卡尔·雅思贝尔斯所说："如今人类文明的任何发展，都必须要回顾这一历史。"

除此之外，我们还需敏锐地发现东方古代文化精华最重要的失落点，它恰恰蕴含在中华民族迁徙过程之中。中华先民（藏羌两族）于4万年前从东南亚滞留区北，大约1万年前在青藏高原分离而各奔东西。虽然农耕文明迅速塑造出民族的整体气质，但迁徙烙印仍深深嵌入藏羌民族的个体血肉记忆之中。从那时起，部族首领的英雄气质与事迹便成为人民颂扬的对象，"昆仑神话"、《山海经》成为中华民族的准史诗模板，"昆仑玉文化"则成为中华民族高尚血脉代代传承之信物。

中华民族迁徙史与犹太民族迁徙史形成绝妙对比，轴心时代两大文化高峰聚焦于一个重点——"痛感文化"，它们将大地生存痛苦上升至精神文化层面，为与神圣相遇而预设了契机，自然地理与外部环境，则是精神自我表现的物质基础。

中华民族的迁徙书写了人类迁徙史上最宏伟壮丽的篇章，完成了最艰难的地理穿越，达成了"人充满劳绩，但诗意地栖居"这一理想。在毛乌素沙漠以南的黄土高原——白于山区域，中华先民创立了亚洲腹部最早的窑洞院落居住文化，在辛苦生存之地深刻体验山、水的内涵。

人们从山水体验中提炼出经典的家国概念——"山河"。"山河"概念早于"江山"概念。从词汇学角度来解析，"山河"指昆仑山与黄河，即中华民族的万山之祖与母亲河，它与"大禹治水、导河积石"之豪迈情怀一脉相承；"江山"则指长江与沿岸的山，来源于南唐后主李煜"三千里江山"感叹，与后来王希孟《千里江山图》、黄公望《富春山居图》有着多维联系。前者断代是先秦往上，后者则为五代以降。李白有诗曰"黄河之水天上来，奔流到海不复回"，诗意地强调了黄河流淌的高差与速度。黄河发源地鄂陵湖与扎陵湖，海拔逾6000米，在古人眼中即天上；天、地、山、河在中华先民心中牢牢扎根，由此有"大好河山""壮丽山河"之说，表征出对母土的信念与情感。

在黄土高原和白于山区，中华农耕文明的种子撒播大地，随着"大禹治水、导河积石"之壮举而奠定了华夏生存模式，中华先民对高山流水的生命体验与记忆，化为"神圣山水"的叙事。然而遗憾的是，这一史诗性叙事在民族迁徙融合过程中被不断稀释，呈现出从《山海经》、"莽昆仑"的雄心壮志坠落为"采菊东篱下，悠然见南山"的闲适心态的过程。

21世纪使我们得以立足崭新高度去整体审视人类文明，中国作为世界山结之地，拥有绝对的地理高度。从精神地理学角度来看，横亘于帕米尔高原、青藏高原上的宏伟山脉，是上天的精心设计，用新柏拉图主义美学思想来诠释，它们是"对神圣原型的模仿"，上帝借此来向世人彰显神意天国；这正是"神圣山水"的形而上根源。

历史学家阿诺德·汤因比对亚洲最伟大高原的独特理解，对于那些具备浪漫情怀的思想家们有着强烈吸引力，在他看来，高原、雪山、荒漠、旷野……是成就伟业的圣人们隐退与复出的地方，这些圣人（或贤哲）对人类精神的兴衰负有责任，在关键时刻，他们以自身的践行而起到扭转历史进程的作用。

"中华民族伟大复兴""中国文艺复兴""东方文艺复兴"，实际上是同样事物在学理层面上的三种不同表述方式，它标志着中国从一个地域文明走出，参与世界文明——即"人类命运共同体"构建进程的决定性转变，其深远的历史意义有待于我们在践行的全过程中去逐步体认。

本章启示：

论述中华民族迁徙与玉石之路、丝绸之路、轴心时代，是要说明什么问题？

以往的研究将上列命题划分在不同专业领域叙述，因此无法得出全面的概念；而文艺复兴式的跨界思考研究，可还原出历史的完整图景，这同时也是东方文艺复兴的一个重要组成部分。

第二章

丝绸之路的前世今生

Enlightment of Silk Road Civilization

第二章　丝绸之路的前世今生

　　丝绸之路在历史上有各种叫法，如玉石之路、黄金之路、象牙之路、香料之路等，所有这一切的根源，都是由欧亚大陆的地形地貌决定的。它不仅是贸易通道，更是"传道"之途，轴心时代的五大古代东方精神文化——希伯来、希腊、波斯、印度、中国经由这条线路沿途传播、相互影响，构筑了如今人类文明的主要骨架。

第1节　欧亚大陆地形地貌

　　恢宏的大自然之所以无处不在地折映出人生之局促，皆因人类占有的时间空间非常的狭小有限。欧亚大陆是我们这个星球上面积最广袤的大陆，它的地形、地貌与气候也最为独特，这些皆源于帕米尔—青藏高原，以及围绕它们而绵延展开的阿尔卑斯—喜马拉雅山系。

　　要完整认识东方精神是如何形成的，就必须返回上古时代，追溯人类迁徙史的起源，各民族的史诗是在何种自然地理条件下开始书写的。以黄土高原为例：黄土高原是远古时代风沙巨量转移的结果，风蚀作用把原本应该形成山脉的基岩变成了泥岩直至尘土，风力则是通常估计的100多倍。对柴达木盆地拍摄的卫星照片显示，风在基岩上的猛烈冲刷留下了长长的凿口，这种巨大的"风蚀土脊"从高空看去就像是一片犹如灯芯绒般的地貌。自冰河期以来长约300万年的时间段，每年逾5个月的强劲西北风把柴达木盆地的基岩分解为堆积层，阻遏了此地构建山脉的可能性，然后风力驱使土脊凹处的尘土沿着风的轨迹刮向远方，形成了黄土高原的绝大部分物质组成。

历史的真相令人诧异！原来是柴达木盆地造就了黄土高原，它就是中国尘土性文化的根源！但为何中国西部大地的风蚀作用超过一般的估计和想象？这一切皆源于地球上的特殊地理现象——青藏高原的崛起。由于亚洲大陆过于广袤，内陆水面稀少而缺乏水蒸气云雾循环，因此冰河期显得特别干燥寒冷，在这种状况下，风的实际作用呈几何级数增长，风蚀雕琢地貌形成的后果被今天的人严重低估。另一方面，这种大自然变迁现象一定还有更深的秘密，但我们无法知晓，这也许就是维特根斯坦所说的人类在上帝的奥秘面前应保持缄默的道理。随着现代地球物理学与地质构造学研究的进展，"中华生存苦地"的历史成因和物质基础逐渐明显，它为"中华地理苦难美学"提供了来自实证科学的依据。

大约10万年前，黄种人之所以能用前所未有的速度完成超过早先棕色人速度数倍的迁徙，除了他们的体形较小之外，还因为他们更加吃苦耐劳、更加善于组织分工、更擅长贮藏食物。他们跨越亚洲腹部高原与山脉的壮举，为人类添加了崭新的部族迁徙记忆，它不再是丛林、平地、滩涂、海岸线的记忆，而增加了山脉、高原、沙漠戈壁与险峻河流。这些记忆远远超越了一般的生存限度，与上帝为人类的原初设定大相径庭。

正是在与山脉陡峭、高原晕眩、雪线缺氧、沙漠缺水等恶劣环境的搏斗之中，中华先民的诸部落被自然反复淘汰和拣选，唯有最吃苦耐劳的那一支方才获得最终胜利。他们得以走出崇山峻岭来到四川盆地、成都平原，然后再到达晋陕黄土高原、河套地区。在与大山大水搏斗过程中积累下来的生存记忆，使先民们渴求一种摆脱捡拾贝类、渔猎采集的定居生活方式，并为此而孜孜不倦地努力。因此，农耕文明在东亚的早熟，可看作生存规则使然与民族气质抉择。另一方面，这种迁徙经历给这一族群最宝贵的形而上的经验馈赠，就是对垂直向度的强烈体认，它是大地苦难基质完成人文精神转化的重要标志。"昆仑创世神话"揭示出完成史无前例迁徙之后中华民族气质的厚重积淀，那雄强的精神心气化为鲜活的人物形象，通过象征性的语言再次进入民族血脉，并往后流传。在此，记忆与遗忘交替发生，逐渐转化成民族国家形态，并过渡到信史层面，与我们的语言记忆隼接。中国西部高原，不仅具有伟大卓绝的自然地理、悠久丰厚的人文地理，而且具有从自然、人文地理向精神地理转换的可能性。历史学家阿诺德·汤因比[1]在展望人类21世纪的作为时，将青藏高原列为人类精神重新振作的希望之地，就是一个关于精神地理叙事的典范。

正是在千里戈壁、天山南北、塔里木盆地、博斯腾湖畔、疏勒河沿岸、昆仑山脉、帕米尔高原、慕士塔格峰、公格尔山与公格尔九别峰上……我们真正看到了地平线，看到了照亮地平线的光辉，以及其中包含的启示意义。我们还看到了山脉与天际线之间的永恒关系，领受到阳光、云天与大地之间相互辉映、交融的崇伟境界。当我们近距离注视山脉的局部造型时，它或展现为与人体的深刻同构关系，或展现为千万年地质变迁的痕迹，竟然凝固于生命的一瞬，给予当代失去精神指向的人们以启示。

让我们再从人文历史角度来探究一下中国自然地理的精神特征。青藏高原、帕米尔高原的崛起，见证了某种跨越千百万年的塑造伟力，那无形巨手的鬼斧神工，使得亚洲腹部出现了高峰与深谷并峙的奇观。低

---

[1] 阿诺德·约瑟夫·汤因比（Arnold Joseph Toynbee，1889—1975），英国著名历史学家，被誉为"近世以来最伟大的历史学家"。汤因比对历史有其独到的眼光，他的12册巨著《历史研究》讲述了世界各个主要民族的兴起与衰落，被誉为"现代学者最伟大的成就"。由于他的伯父也是一位历史学家，专门研究经济发展史，也叫阿诺德·汤因比，为了区分两者，人们通常都称呼他们的全名，以免混淆。

帕米尔高原手绘地图（丁方绘）

谷如深渊——比照出肉体的绝望；高峰如云天——折映出灵魂的激情。巨大的垂直高差与广袤的干燥内陆，共同孕育出寒暑严明的大陆性气候，它经过时间锻造而生成一种奇特的物质形态——雅丹地貌。用地质学术语来描述，它是一种由湖相土状沉积物所构成的地表，经风化作用、间歇性流水的持续冲刷与风蚀磨砺，所形成的与盛行风向平行、相间排列的风蚀土墩与风蚀地表凹槽地貌的组合。该类地貌以罗布泊东北沙地发育得最为典型，而在中亚的突厥斯坦、莫哈韦沙漠，也有大量的雅丹地貌存在，只是没有中国西部这般酷烈。中国最大的雅丹地貌位于柴达木盆地东北部，面积为2.2万平方公里。这是何等概念！即使是世界上最英勇善战的军队，也鲜有机会与这种概括人类生死张力极限的地貌相遇，而2300年前亚历山大率军东征印度途中，一定见识了东方大地的体量与尺度，托勒密·索尔特以历史学家的敏感在亚历山大图书馆中为其预留了位置，其结果是：伟大的地理学家埃拉托色尼成为亚历山大图书馆的第四任馆长，绘制出了人类历史上第一幅标有经纬线的地图。

在浩瀚广袤的沙漠戈壁中没有生命，因为无水。但这种说法并不准确，它曾经有过水，甚至曾经广布湖泊与河流。让我们聚焦吐鲁番盆地的艾丁湖吧，那仍保持波涛形状的湖相沉积物质层，便是此地曾经有"水天一色"景观的铁证。没有水的结果是地表裸露、植被枯竭，而一旦有水，也因地势险恶、土壤贫瘠而暴发洪水，这正是中国大地令人痛楚之处，也是"中华痛感文化"的根源。青藏高原作为一道天然屏障，基本阻断了印度洋暖流北上的路线，但百密难免一疏，雅鲁藏布大峡谷意外地成为印度洋暖湿气流进入亚洲内陆的秘密通道，它造就出"三江源"的地理奇迹，然后继续书写出中华文明的水系篇章。从黄河源头的卡日曲、长江源头的格拉丹东·姜根迪茹冰川、澜沧江源头的群果扎西滩，到阿尼玛卿山、巴颜喀拉山、鄂陵湖、扎陵湖、日月山、倒淌

黄河源头扎陵湖（郑云峰 摄）

河……勾勒出一部史诗般的山水体系，将昆仑山脉、横断山脉与三江并流紧紧地编织在一起，就像一部充满神意的作品。

以物理学的尺度来衡量，除了中国，世界上没有一条河流是从海拔约7000米的高度流到海平面的，而中国就占了三条：长江、黄河、澜沧江。如此高差意味着水流对大地的超强度切割，也对应着沿岸居民生命力的坚韧。当目睹红褐色的浑浊酷烈之流发出沉闷的轰鸣声，从数百米悬崖下湍急涌过时，那一波又一波强有力的漩涡，将唯一的感觉诉诸观者：它正是穿过民族肌肤的血管！这种痛苦与喜乐交织的生存经验，以及由此生成的大地景观，对中华民族精神的形成影响深远。中华创世神话多描写"肝脑涂地"的壮烈之举，呈现出对天、地、日、月、生命、星辰的深刻体验，无论是夸父追日、后羿射日、共工怒触不周山、大禹治水，或是伏羲造人、女娲补天、仓颉造字、神农尝百草……都充满了人与山、水之间紧绷的张力关系。这种独特的神话体系甚至决定了艺术表现形式——有史以来没有"风景画"，只有"山水画"！

《淮南子》中关于鲧父子前赴后继治水的故事，意象高远不羁、情节壮烈惨痛：大禹父亲鲧神形白马，为治水从天帝处盗来神土息壤而被杀。鲧死不瞑目，其尸身因为孕育大禹而三年不腐。天帝派天神剖开鲧肚腹时，大禹化身为虬龙而一飞冲天！鲧的儿子——大禹治水的过程则展现了洪荒深谷中先民始祖之壮行："禹治洪水，凿辕辕开，谓与涂山氏曰：'欲饷，闻鼓声乃去。'禹跳石，误中鼓，涂山氏往，见禹化为熊，惭而去。至嵩山脚下化为石，禹曰：'归我子！'石破北方而启生……"

以上这种豪气冲天、神形自由的神话，隐藏着重要的生命密码，隐寓着中华先民在迁徙途中历经苦难之后的生命强力反弹的心灵戏剧。然而，语言层面的史诗神话历经漫长的衍变，其内在血质逐渐稀释，凝聚灵魂之思的"原在的地形学"（海德格尔语）边界变得模糊不清，苦难基质逐渐褪色，直至滑落到遗忘的边缘。正是在这民族精神的转折关头，中华大地借助"神圣山水"的复兴之翅，再次迸发出对生命真言的呼唤，当山巅的光耀映照出当年使徒足迹之时，先贤圣哲的理想便跨过25个世纪的时空，再次降临此世间。

第2节　丝绸之路历史文脉

"丝绸之路"并非一个新名词，自从2013年中国政府提出"一带一路"的倡议与愿景以来，关于丝绸之路的内涵与外延和以往所讲的概念已完全不同，它是中华民族伟大复兴的一部分，也是中国与世界共建"人类命运共同体"的载体。"一带一路"概念的提出有着充分的现实依据及历史依据，它是中国走向世界的两条道路：一条是丝绸之路经济带，从中国长安出发，沿河西走廊、西域诸国，经过中亚、西亚、南俄草原，一直到地中海和欧洲；另一条是海上丝绸之路，从中国东南部沿海港口城市出发，经南海、东南亚群岛、印度洋、波斯湾，穿过红海—苏伊士运河到地中海，最终再到达欧洲的航海路线。"一带一路"的狭义解释是指欧亚大陆，而广义解释则涵盖非洲、大洋洲以及太平洋彼岸的南北美洲，或者说，只要有人类社会的文明单元，都应该在"一带一路"范畴之内。这种狭义与广义的阐释，实际上体现了中国倡导的人类命运共同体的完整理念，而不再有什么"中央之国"和"蛮夷之邦"的偏见，摒弃地域主义，全人类共享一个地球，即所谓人类命运共同体。

要弄清"一带一路"，前提是应该把丝绸之路的所有问题理清，首先是对丝绸之路的溯源，文明先从地图学谈起。实际上早在上古时代，东西方——主要是指从东亚到地中海，就已经展开了频繁的贸易活动，而这种贸易活动的大背景则是人类迁移史。如铁器和小麦的传播路线，以及"玉石之路""黄金之路""象牙之路""香料之路""宝石之路""丝绸之路""茶马古道"等；对这条复杂道路的概括，"丝绸之路"是一个非常具有代表性的说法，它是由德国历史学家李希霍芬在1877年首先提出，立刻获得国际社会的广泛认同。丝绸作为这条国际贸易通道上价值最高的货品，它不仅体现在货币单位上，更因为其制造之神奇，令西方人长久迷惑。这是中华民族农耕文化长期发展过程中绽放的一朵奇葩，浓香且醇厚。在"神农尝百草"的炎帝时期，人们发现了一种动物"蚕"，这种神奇的小动物通过吃桑叶可吐出绵长的丝，并自我缠绕成"茧"。先民们通过长时间的仔细观察，终于发现可以通过缫丝工序进而纺织成织物，它胜过所有织物，既柔软又亲和，穿在身上令人心旷神怡！要知道在没有发明丝绸之前，人类最好的衣服应该是粗或细的麻布制成的衣物，早期则是以树叶蔽体，或者是把一些藤、麻、草混编的织物披挂在身上，对皮肤是种损害。以上所讲的丝织物制作过程，需要系统而精密的体系，从种植业到养蚕业、从缫丝术到纺织术一个完整的系统，方才能够把动物吐出来的丝变成美丽的丝绸衣物。即使是那些堪称伟大的文明——美索不达米亚文明、埃及文明、希伯来文明、波斯文明、希腊文明、印度文明……对此要么一无所知，或者即使了解一点也说不清楚。全部秘密都蕴含在中华民族迁徙史以及中华农耕文明发展过程之中，堪称古代人类社会最杰出的传奇。

德国地理学家李希霍芬在其著作《中国》里精辟指出了中国广袤的西北地区在东西方交通史上的重要地位，并首次提出以中国经西域与希腊、罗马的交通路线上主要的贸易产品丝绸来命名这条路线，这就是"丝绸之路"的来源。李希霍芬所说的中国西北地区主要是指黄土高原、河西走廊，经过南亚、中亚、西亚到达地中海，而与希腊—罗马这个覆盖地中海的文明单元交汇。李希霍芬通过比对，认定丝绸是这条路上诸多货物中最有价值的东西，因为它既呈现出货币价值，同时也体现了人文价值，能够把某种动物吐出的"丝"变成一种与人肌肤相亲的衣物——文明载体，这本身就是一个伟大的奇迹。

罗马帝国时期最著名的博物学家老普林尼，在其著作《博物志中》称中国为"赛里斯国"，这是因为"赛里斯"是希腊语"丝绸"的译音。对于西方人来说，丝绸实在是太神奇了，即使是博学的老普林尼也推测丝绸是一种生长在树中的植物，因为他是按照一般博物学的原理来进行推论的。实际上，在老普林尼之前，对于丝绸已经有了明确的概念。亚历山大东征大军里有很多学者，其中也有地图学家、水文学家和博物学家，他们知道东征大军到达最远的地方是费尔干纳盆地，在这里建立了一座著名的亚历山大城，被命名为"最远的亚历山大城"。这座有着6公里长城墙的亚历山大城建于公元前327年，位于撒马尔罕西北250公里的锡尔河流域，后来一直被叫做"阿伊哈努姆"。这里既是昔日波斯帝国的西北部边陲，也是亚历山大的东征所能到达的最东界线。亚历山大在这里听当地人说，再往前就是赛里斯——丝绸之国。由亚历山大代表的地中海文明在此与中国文明曾有相遇的机会，但因种种原因而失之交臂，历史的如椽之笔在中亚的费尔干纳广袤草原上画上了两个伟大文明失之交臂的句号。

　　丝绸之路在坊间已经通过物品贸易将各文明单元悄无声息地联系起来，但在汉语文化域，丝绸之路见于史书要一直到公元前138年，比亚历山大东征晚了近两个世纪。正是在这一年，汉帝国特使张骞完成了探险西域的"凿空之旅"。亚历山大帝国、大汉帝国，都是雄心勃勃富有进取心的王朝，分别表征了希腊文明和中华文明的青春朝气。亚历山大在出征前把所有财物散给众人，并豪情地宣称"我只给自己留下'希望'两个字"；而张骞则舍命奋勇揭榜，毅然踏上漫漫西行征途。所谓"凿空"，是体现追求无本之木、无源之水的强烈决心，此乃中国文明想象力与杯满外溢之豪情。汉代人口不过1000多万人，却充满了探索世界的激情和建功立业的理想，因此留下了一系列传奇佳话：张骞出使西域、卫青跨漠北击匈奴、霍去病"封狼居胥"、李广利为夺汗血宝马伐大宛、傅介子只身斩楼兰、窦宪"燕然勒石"、陈汤甘延寿灭北匈奴，以及班氏家族平定西域，这类故事层出不穷。不似后代安居乐业，讲究孝道，"父母在勿远游"。当宋代中国人口基数过亿时，出西域的豪情却消失得一干二净；而到了清朝人口达到4亿时，对外部世界的认识更是退化到原始水平，所以有鲁迅先生笔下的阿Q。汉代与宋代是一个鲜明对比，国家是否强盛不是一个简单的人口、国力、军队、GDP产值的问题，而是一个"精、气、神"的问题。张骞的"凿穿"西域之旅是典型的汉代充满想象的神奇之旅，汉武帝听闻宿敌匈奴击败了曾经也是草原枭雄的大月氏，他们被迫离开祖地祁连山脉远走异乡，一些出使汉朝的使臣传言，他们越过了葱岭，在大夏安居下来。因此汉武帝张榜天下，公开招募愿舍命前往陌生之地寻访大月氏的使者。这本来是一个虚之又虚的传说之事，"八"字一撇也没有，但竟然作为一个国家行为而被执行了！而且居然还有张骞这样的人主动揭榜，应命而去，这种事只能发生在汉代——一个童心未泯、充满想象力的朝代。

大夏对于中国来讲既神秘又可知，因为中国的丝绸需要通过大夏往世界输送，而大夏也会接受来自西伯利亚的黄金，以及印度和南亚的宝石、香料、象牙，还有中国的茶叶和其他特产。这里是丝绸之路的一个重要的集散地，拥有世界公认的铸币权，要比长安富裕。从近期的考古发现和展览可以得知，那里遍地黄金，2017年3月17日故宫举办的"浴火重生——来自阿富汗博物馆的宝藏"特展，那些精美的工艺品，黄金、青金石、绿松石等令人如痴如醉，基本上把古丝绸之路各种文明的精华熔于一炉，它们是希腊、波斯、印度、中国，以及这几大文明板块之间的草原民族共同智慧的产物。张骞出使西域带着汉武帝非常浪漫的想法，希望找到大月氏，联合起来共同夹击匈奴。由于种种原因，这一大胆的构想没有达成，大月氏拒绝了汉武帝的邀请，因为他们已皈依了佛教信仰，不想再与过去的敌人起刀兵之争。这并不意味着他们忘记了故土，果然，大月氏第三代君主加腻色迦王在主持了第四次结集——"伽湿弥罗结集"之后，立即决定向中国大规模传播佛教。自永平求法至魏晋南北朝对峙格局形成以来，在中原传播佛教的域外高僧主要以贵霜僧人为主，这一现象是丝绸之路上文化交流，高级的文明冲撞以后完成精神信仰转移的结果。至此，中国这片土地不再是世界文明中的孤岛，而和欧亚大陆上的其他文明相联系了起来，成了人类命运共同体的早期版本。只不过以往史书的记载没有从这个角度去记载，而是从通常的边缘史角度，这就成为我们重新阐释历史的新的机遇，阐释历史是为了当代所用，是为了中华民族伟大复兴，引领整个东方复兴。从中国的角度看，丝绸之路是从长安出发，横贯地中海和欧洲，随着研究的不断深入，丝绸之路的内涵和外延不断地扩大和充实，有了"绿洲丝

阿富汗博物馆宝藏展中的黄金与绿松石

路"草原丝路""海上丝路"等说法,由于其含义的递增,我们逐渐将"丝绸之路"等同于东西方政治、经济、文化交流的桥梁和纽带。丝绸之路不仅仅是四个汉字的组合,它能够托带出东西方文明不同层面上整体交流、演变、创化的综合体,也就是人类命运共同体的早期版本。

第3节 轴心时代与人类文明

丝绸之路作为贯通欧亚大陆的通道,奠定了人类古代文明的基本骨架,也是世界文明史发展的第一轴心期。德国思想家卡尔·雅斯贝尔斯在其代表作《历史的起源与目标》中,把公元前5世纪横贯欧亚大陆的古代东方文明五大板块——希伯来、希腊、波斯、印度、中国并称为"第一轴心时代",他认为这是人类思想文化前所未有的高峰,往后的人类文明发展即使是文艺复兴,也没有超越轴心时代的高度,因为在那个时代的圣人贤哲们提出的人性终极关怀和普遍价值理念,后世并未超越。他甚至断定:每当人类社会发展遇到困难时,人类社会的精英们就会"返回"轴心时代,重新去阅读思考并从中找到走出困境、继续前行的精神资源。请注意,这一描述已经展现出文艺复兴的精髓——返古开新。从地理学的角度来看,丝绸之路把欧亚大陆上的中原汉地、蒙古高原、塔里木盆地、青藏高原、帕米尔高原、中亚草原、印度河流域、伊朗高原、美索不达米亚(两河流域)、小亚细亚、巴尔干半岛一直到地中海周边地区都有效地编织起来,并使它们在相互影响和依存中不断地发展;尤其是宗教信仰的传播与文化交流的痕迹,在丝绸之路上比比皆是。例如我们在敦煌、吐鲁番、龟兹壁画中,就能看到索罗亚斯德教、密特拉教、犹太教、佛教、早期基督教、东方基督教派(景教)、摩尼教……上述宗教在丝绸之路各个方向上的传播,给予沿途各种不同文

莫高窟第 275 窟　北壁　毗楞竭梨王本生　北凉

化以极大的影响，留下了兴盛与衰亡的古迹，这对于那些地区人类的生活和文化形态产生了极大的影响。比如佛教传入之后，西域地区一度成为佛教的圣地。从12世纪起，这些地区逐步伊斯兰化，那么伊斯兰教和佛教究竟是一个什么关系？产生时代裂变的内因与外因是什么？如果这些问题不能从人类文明史的角度梳理清楚，那么以后的发展就找不到依据。

在塑造中国人的精神世界方面，丝绸之路将印度的佛教文化带入到了中国，经过吸收和发展，产生了中国化佛教以及受佛教影响的新儒学，即所谓史书记载的儒、释、道合流，这对于中国影响巨大。丝绸之路延绵上万公里，延续了数千年，其中不乏可歌可泣的事迹。比如耳熟能详的"鉴真东渡"，一代高僧鉴真历经六次失败，第七次方才到达日本，这不仅是旅行的传奇，而且也是信仰和文化传播的传奇。距离现在1200多年前，基督教借助景教的衣钵传入中国，同时犹太教和基督教其他的变体也随着丝绸之路进入中原腹地，开封的犹太人社区和西安碑林的《大秦景教流行中国碑》就是例证。这本身就是一个跨文明的交流体例，它也是我们今天塑造人类命运共同体达成民心相通的历史索引，已不仅仅是躺在历史书中的纯粹知识。

另外，丝绸之路在生活层面上的交流也是丰富多彩的，我们今天熟知的许多农作物品种都由丝绸之路传播进来，像带有"胡""西""番"这些字的作物，比如胡瓜（黄瓜）、胡椒、胡萝卜、西瓜、西兰花、番石榴、番茄等，著名的"元青花"钴料则来源于波斯的喀山夸穆萨所产的"苏麻离青"。中华民族流行的许多乐器与西域和地中海地区渊源更深，大家耳熟能详的唢呐，其原产地是遥远的伊朗高原，琵琶是由地中海文化域的里拉、小竖琴演变而来，二胡则产于蒙古高原。这些音乐器材都是经过了漫长的嬗变衍化，方才融合到中国

大秦景教流行中国碑

的传统文化当中，并为我们的生活增加了无数乐趣。它们也成为我们民族溯源和文化求索的物证。

在文明输出方面，一个著名的例子就是：公元751年唐帝国与阿拉伯帝国在中亚怛罗斯进行会战，唐军战败，被俘唐军中的造纸工匠通过丝绸之路来到西亚。这些工匠立马受到厚待，造纸术迅速通过巴格达等地区传播到西方世界。这不仅促成了阿拉伯帝国造纸业的发展，而且对伊斯兰文化产生了至关重要的推动作用，也在后来西方文艺复兴中发挥了重要影响。

通过丝绸之路，波斯细密画受到中国艺术的强烈影响。如山川、河流、人物服装都带有中原绘画风格的因素，而区别于地中海地区的艺术风格。这是美术史上中国对于西亚波斯细密画产生影响的范例，其影响力不仅仅在波斯发展，甚至传播到了印度的莫卧儿王朝。另一方面，阿拉伯帝国的影响也扩大到了东欧，源源不断地对西方世界产生了影响，意大利文艺复兴早期画派，如锡耶纳画派，佛罗伦萨的弗拉·安吉利科、菲利普·里皮、波提切利，以及教堂寺庙里壁画艺术家的图描风格和细密风格，都不同程度地受到来自东方的影响。这里所说的"东方"，是指当时尚在的拜占庭帝国以及不断更替的阿拉伯帝国、伊斯兰王朝以及对它们产生影响的遥远的中国。

丝绸的华美舒适程度令世人赞叹，也是丝路上最重要的货物。印度与日本等国都有不同种类的蚕种，并且也可以生产出高质量的蚕丝，那么为何唯独在中华大地上才诞生出丝绸这种瑰丽的物质呢？正如中国著名考古学家夏鼐所指出的："中国是世界上最早养蚕和制造丝绸的国家，并且在相当长的时间中是唯一的这样一个国家。"这种唯一性使我们不由得要做一番考证和猜想。在公元8世纪拜占庭帝国学习了养蚕和丝绸的制作方法以后，这种唯一性被打破。

　　现代分子人类学家以及考古学家的研究得出，数万年前的中华先民在历经艰难而漫长的迁徙过程中，将生存的痛苦记忆烙印在一代代人的血脉深处。他们从东南亚的泰缅漏斗区出发，沿着青藏高原与云贵高原的缝隙处——横断山脉纵谷区艰难地顽强挺进，最后到达四川盆地和成都平原。这一路上与个体生命发生磨砺的皆是气势磅礴的大山大水，因此相较其他民族，在审美的选择上呈现出两个极端：一方面是能够欣赏铿锵有力如"黄钟大吕"般的事物，这是对迁徙历程的直观体现；另一方面我们又钟爱柔美温润的事物，这是农耕文明成熟带来的印记。这也说明了为什么唯独中华文明发明了丝绸，正是丝绸那柔滑的质感承载着华夏祖先追求美好田园定居生活的愿景。我们可通过"历史内在之眼"看到这样一幅恢宏的图景：追求生活的物质贸易之途与信仰传播的精神通衢纵横交叠，它映照出中华民族迁徙历程在整个人类迁徙史中的价值身位，如何从"山海经"、莽昆仑时代勾勒出中华文明的轮廓，塑造了早熟而独特的农耕文明体系，和以方块字为表意系统的文明形态，以及延续至今的文化传统。这里面蕴藏着历史命运的规律与奥秘，人类文化的"精神史"高高凌驾于王权功利的"王道史"，在"轴心时代"五大精神文化的思想丰碑上赫然在目。因此，我们对丝绸之路的回顾与描述绝不是一个简单的知识普及，而是把历史事件放在"约伯的天平"上称量，如同佛教经变故事"割肉贸鸽"那一声惊天动地的巨响，其绽放出的精神光芒照亮了昏暗的尘世。

　　放眼丝绸之路——从弗吉纳到雅典，从加尔迈索到波斯波利斯，从伊朗高原到兴都库什山脉，从印度河流域到旁遮普，从巴克特里亚到索格底亚那，从塔克西拉到华氏城，从王舍城到白沙瓦，从奢羯罗到艾娜克，从安条克到哈马丹，从巴比伦到大亚历山里亚……以索罗亚斯德、释迦牟尼、大雄、毕达哥拉斯、苏格拉底、柏拉图、摩西、施洗者约翰、耶稣等为代表的圣人哲贤，以亚历山大、阿育王、德米特里、米兰达、迦腻色迦等为代表的君王，在这片广袤的欧亚大陆上演了一出伟大的精神文化戏剧。

本章启示:

回顾丝绸之路前生今世的意义何在?

可以使读者们更清楚丝绸之路具有贸易通道、文明交流和传道之途等几种特征,而后者往往被遮蔽。更为重要的一点,揭示了欧亚大陆地形地貌——即阿尔卑斯-喜马拉雅山系-帕米尔-青藏高原,是产生伟大文明的母土温床。

第三章

亚历山大的伟业

Enlightment of Silk Road Civilization

第三章 亚历山大的伟业

公元前3世纪中叶，东方各古代文明之间相互隔绝的状态被一个名叫亚历山大的年轻统帅打破。他作为马其顿王国的君主，在短短数年内征服了如日中天的波斯帝国，然后越过伊朗高原和兴都库什山脉远征印度。这一横跨西亚、中亚和印度次大陆的远征不仅是军事的征服，同时也是一次重要的文化传播与交融。亚历山大把希腊的哲学、建筑、雕刻、城市规划、数学传播到了广袤的东方大地，它开启了覆盖欧亚大陆长达数百年的希腊化时代，即第二次全球化时代，对人类历史进程影响深远。

第1节 亚历山大的闪亮人生

人类的古典时代曾经出现过这样一个人物，他英姿勃发、雄才大略，他以疾风暴雨般的速度横扫整个欧亚大陆并建立了前无古人的伟业，而正在他达到人生巅峰的时候却英年早逝。这个人便是世人所熟知的亚历山大大帝。作为一个生命个体，其短暂的一生犹如流星般划过历史的夜空，但他的事业是如此的伟大，常为后人所凭吊、赞叹。亚历山大的行为从表面来看，是一种古代史意义上领土的扩张和征服，但实质上却是一种肩负文化使命的远征，或者说是古代文化交融的史诗。其核心价值是亚历山大的梦想——最大限度地传播希腊文化，并建立东西方文化联合体。也许这一联合体从未真正出现过，但正是通过亚历山大，以及巴克特里亚的希腊诸王、孔雀帝国的阿育王、贵霜帝国的迦腻色迦王的持续努力，东西方文化才发生了决定性的沟通。

如果延续着这段脉络向前追溯，可以发现亚历山大东征是有其深刻的历史根源的。公元前346年，希腊雄辩家伊索克拉底[1]在一次演讲中大声疾呼："大家都来制止蛮族侮辱我们！为我们被摧毁的希腊圣殿报仇！小亚细亚的希腊姊妹城邦又被套上了波斯王的枷锁，正等着我们去解放！"这时的亚历山大刚刚11岁，已成为学者亚里士多德的弟子；他广泛阅读哲学和政治，在吟诵中体会《荷马史诗》的质朴和优美以及欧里庇得斯戏剧的庄严与典雅，同时也接受着文学写作和身体格斗的训练。

8年之后，雄辩家伊索克拉底的大声疾呼终于变为了行动。地处希腊西北边陲的马其顿王国统一希腊诸城邦的军事行动开始了。18岁的亚历山大在喀罗尼亚战役中指挥左翼部队，以锐利的进攻大获全胜。这次军事胜利还使这位年轻统帅收获了一次文化的震撼：他首次目睹了雅典城邦璀璨的文化艺术，并为之深深敬服。公元前336年，年轻的亚历山大获得了希腊盟国统帅的头衔，同时征服波斯帝国的战争一触即发。

公元前334年的春天，22岁的马其顿国王亚历山大率领大军，浩浩荡荡地踏上了远征之路。行前，他把自己的所有地产、奴隶和牲畜分赠他人。他手下的一位大将迷惑地问："请问陛下，您把财产分光，给自己留下什么？""希望。"亚历山大坚定地说，"我把希望留给自己。"

一星期之后，希腊联军在位于今土耳其的小亚细亚的海岸登陆，头戴金盔的亚历山大在士兵们的欢呼声中奋力将一只长矛插在地上，象征

----

[1] 伊索克拉底（前436—前338年），是希腊古典时代后期著名的教育家。他出身雅典富裕奴隶主家庭，是智者普罗泰哥拉和高尔吉亚的学生，与苏格拉底亦有师生关系。他虽然猛烈抨击当时日渐颓败的智者教育，但局限于道德人格上的指责，尚不能像柏拉图那样从理论上进行深刻的批驳；实际上，伊索克拉底在很大程度上还师承了智者派的教育传统，主要教授修辞学和雄辩术，以培养演说家为己任。

着占领了波斯帝国的领土,并自比作特洛伊战争的英雄阿喀琉斯。随后,亚历山大率领部队挥师南下,向叙利亚进军。决战终于到来,在伊苏斯城,亚历山大的军队以大胆的骑兵战术一举击败波斯王大流士三世的大军,并俘获了他的母亲、妻子和两个女儿。自此之后,再也没有什么可以阻挡亚历山大了,在青春中燃烧的希望之火指引着他始终向着远方的未知国度进发,向着世界的尽头前进。

公元前327年,亚历山大大帝率领军队踏上了炎热的印度土地,一年之后,驻守在印度河流域的安比王归降了亚历山大,他顺利地进入了北印度的学术之都塔克西拉。而印度的另一位国王波鲁斯则与克什米尔的邦主阿比萨联合起来抵抗希腊大军。

在这里,从南达纳山顶望下去,景色壮观,河流像一条银色的丝带弯弯曲曲地穿过绿色的田野,向远方延伸而去。在山脉和河流之间的椭圆形平原上,希腊军和波鲁斯军摆开了战场。公元前326年5月21日,亚历山大指挥希腊军克服险阻,一举渡河,形成阵形,并在与波鲁斯王装备了200头大象的5万大军的决战中占得先机。战斗过程十分惨烈,由于波鲁斯军队的大象威力太大,踏入马其顿军方阵中,使战马受到惊吓,一度造成了希腊军的混乱。但他们毕竟是一支身经百战的职业军队,经历了短暂的调整后,重新组织阵形,以有序的枪矛之阵对付大象,将其刺伤,因疼痛而踏回自己的阵营;大象背上的骑兵被希腊军的神箭手一一射下,无人驾驭的大象则四处奔窜。希腊史学家阿利安这样描述道:"波鲁斯军中响彻了绝望的哀鸣,士兵像船在水中倒驶一般后退。"最后的战况是:"12000人战死,9000人被俘,80匹大象丧生。"当战场硝烟散尽,负伤就擒的波鲁斯王被带到希腊大军的营帐内,亚历山大通过翻译问他的敌手希望获得怎样的待遇。波鲁斯很干脆地说:"仍然像国王那样对待我。"亚历山大问:那其他要求呢?波鲁斯答："这个请求就代表了一切。"亚历山大非常欣赏这位印度国王的尊贵气质和勇敢精神，不但让他继续统治他的王国，还把对手的领土也赐给了他。

就这样，在亚历山大自信的宽恕与文化的探究交替之间，他完成了从爱琴海到印度河流域的征服伟业。

第2节　文化的远征——希腊文化的传播

从王道史的角度来看待亚历山大的东征，就会陷于史料细节的纠葛之中，只有从文化史的视角去阅读，方才能把握其本质，这一本质就是：亚历山大的远征是人类历史上最富于文化意义的远征，它通过希腊、埃及、波斯、印度各古老文明的碰撞与交融，从而把欧亚大陆联系在一起，达成了东西方文化的密切交融。

古代的战争往往伴随着文化的传播，但没有任何战争像亚历山大东征那样，具有如此多的文化因素。如果说古希腊旅行家毕提亚斯的大西洋远航，在纬度方向上扩展了有人居住世界的范围，那么亚历山大的远征则从经度方向上扩展了它的文化疆域；从此，将世界作为一个整体的看法，完全取代了将世界局限于地中海区域的传统观念，为古代西方地理学史翻开了新的一页。

亚历山大东征的动机自然是建立帝国的雄心，但令人匪夷所思的是，这次政治动机明显的远征，竟然有近一半的比重是科学与文化的考察。希腊军司令部里的人员构成，除了将军以外，还云集着哲学家、历史学家、自然学家和工程师，这些随从学者中不乏杰出人物：有擅长地理学研究的历史学者卡利斯提尼，编年史家托勒密、马尔西亚斯，航海家兼水文学家尼阿库斯、奥内西克里特，学者卡里斯泰纳、阿纳克西米尼，还有亚里士多德的两个侄子，等等。

亚历山大对未知世界的好奇心，驱使他热衷于地理考察，而且有别于一般的军事统帅对战争地形的关注。亚历山大的军队中配备有一支路程测量队，使命是测量行军里程，同时将沿途的地理特点详细记录，编纂成《行军测量日记》。它是人类首次将描述地理学与数理地理学相结合的尝试。同时，亚历山大派遣人员进行了多次与远征军事行动并无直接联系的地理考察。例如，他派遣尼阿库斯和奥内西克里特率领舰队，从印度河河口出发，沿阿曼海和波斯湾海岸考察，直到幼发拉底河河口。此外，亚历山大还制订了一系列未完成的宏伟考察计划。尼罗河洪水定期泛滥的原因一直使古代人困惑不解，亚历山大就曾派人去调查这个问题。在亚历山大逝世前不久，他还下达了考察里海海岸的使命，以便弄清它是否与当时被称为"好客海"的黑海相通，或者它仅是北方大洋的一个海湾。

这样的史实还可以列举出许多，它们说明一个问题：亚历山大总是向着远方的未知世界前进，去发现新土地，去探寻新海域，去解决地理学之谜。对未知世界的向往，时刻萦绕在亚历山大的脑海中，直到他短暂一生的晚年也未曾停息。印度这块土地向来是希腊人感到神奇和陌生的未知世界，希腊伟大的史学家希罗多德和克泰西亚斯等学者都曾在著作中提及，但亚历山大东征军中的学者们的描述要比前辈学者更为客观翔实。他们指出：印度土地广阔、富饶物产，有着丰沛的河流及洪水现象；那里充满着珍奇的动物、植物以及众多种族的奇风异俗。关键在于希腊军的学者们并未停留在一般的观察层面，而是深究原因。他们不仅记述了印度的洪水及其成因，而且对印度河及其支流网系统做了详细的描述，还进一步阐述了三角洲的形成过程，这几乎可以说已基本构建出早期印度河水文地理学的框架。

　　亚历山大东征军的学者们还开创了"地理比较法"，即将不同地方发生的同类现象联系起来，然后进行对比分析。他们认为：印度河河水比尼罗河河水更能使土地变得肥沃，因为印度是在同一纬度形成网状并灌注于宽阔的平原之上。他们还将印度河平原的形成机制应用到小亚细亚河流冲积平原的成因解释上来。从地理学角度看，亚历山大远征最直接和最巨大的结果，是扩大了希腊学术界的视野，使他们对宇宙空间和大陆海洋有了全新的认识。远征带来的东方见闻，已不再是古代远航记那类的一条海岸线的记载，也不是希罗多德笔下埃及那样的一条河谷的感受，而是一片广袤的陆地，它由复杂的地形、多样的景观和丰富斑斓的民族风情综合构成。

　　当这些发生在2300年前的充满文化意识的史实被后人整理发掘出来时，足以使人啧啧称奇，但更加令我们惊异的是：究竟是什么原因使亚历山大及其学者们具有如此强大而持久的探索激情？

第3节 "东西方文化联合体"与"世界主义"

　　除了古希腊和希腊化时期的人们热爱知识、追求真理的传统外，在希腊城邦中流传的"世界主义"价值观也是一个重要方面。

　　在战争过程中同时进行文化与科学方面的考察，这看起来十分奇怪。因为古代战争的条件相当原始，保存生命是第一要务，分出精力来从事学术研究，实在是一件奢华而且不可思议的事；但这恰恰体现了希腊化时期的一个重要特征——即从波斯到希腊化时代的"世界主义"概念，它在某种意义上可被看作是亚历山大本人理想抱负的一个注脚。

　　"世界主义"[1]一词本身出自希腊语，意为"世界城市"。哲学家德谟克利特[2]说过，"全世界都是我的故乡"；戏剧家阿里斯托芬[3]也曾有过"我在哪里事业有成，哪里就是我的祖国"的格言名句。这些观念深深镌刻在希腊人的心灵中并成为他们行事处世的座右铭。的确，一位生活于公元前250年左右的希腊人，他如果从西西里旅行到巴克特里亚，一路上总会碰到同样"讲希腊语的同胞"，这些人与他使用一样的语言文字，并具有相同的价值观念；或者说，这位希腊人虽然来自某一城邦，但他绝不会是一位民族主义者，而是自认为"世界公民"。希腊化时代的世界主义上承波斯的世界主义（普济主义），下启罗马帝国的世界主义。它们之间的区别在于：前者基本没有后两者的帝国主义性质。这是为什么？它与希腊时期重要的哲学流派——斯多葛主义密切相关。

---

[1] 世界主义是一种社会理想，认为全人类都属于同一精神共同体，是与民族主义相对立的思想。世界主义不见得推崇某种形式的世界政府，仅仅是指国家之间和民族之间更具包容性的道德、经济和政治关系。

[2] 德谟克利特（希腊文"Δημόκριτος"，约前460—前370年），出生在色雷斯海滨的阿布德拉商业城市，古希腊伟大的唯物主义哲学家，原子唯物论学说的创始人之一〔率先提出原子论（万物由原子构成）〕。古希腊伟大哲学家留基伯（希腊文"Λεύκιππος"，英文"Leucippus"或"Leukippos"，约前500—约前440年）是他的导师。

[3] 阿里斯托芬（Aristophanes，约前446—前385年），古希腊早期喜剧代表作家，雅典公民，生于阿提卡的库达特奈昂，一生大部分时间在雅典度过，同哲学家苏格拉底、柏拉图有交往。相传写有44部喜剧，现存《阿卡奈人》《骑士》《和平》《鸟》《蛙》等11部。有"喜剧之父"之称。阿里斯托芬及在他之前的喜剧被称为旧喜剧，后起的则被称为"中喜剧"和"新喜剧"。公元前5世纪，雅典产生了三大喜剧诗人：第一个是克拉提诺斯，第二个是欧波利斯，第三个是阿里斯托芬，只有阿里斯托芬传下一些完整的作品。

作为"希腊世界主义"的首倡者，斯多葛主义[1]认为：宇宙是一个统一的整体，存在着一种支配万物的普遍法则即"自然法"，他们又称它为"逻各斯""世界理性""上帝"或"命运"。这是斯多葛学派理论的基础。斯多葛主义提倡人类是一个整体，主张建立一个以世界理性为基础的世界国家，这种主张来自斯多葛主义的个人主义观念——独立的个人是自足的、完美的和可行的。强调个人主义必然从逻辑上引申出某种形式的世界主义观念，因为独立存在的"个人既要考虑如何安排他自己的生活，又要考虑同其他个人的关系——因为他就是同这些个人构成了人们居住的世界；为了满足前一需要，就产生了研究行为的种种哲学，而为了满足后一需要，则产生了有关四海之内皆兄弟的某种新思想"。斯多葛主义由上述个人主义理念引申出了如下结论：人类一体，每个人都是人类大家庭中的一员，个人与人类整体的关系优先于个别种族、民族国家的关系。因此，要树立一种超越单一种族和国家的世界主义新观念，世界是每一个人的祖国。斯多葛主义的集大成者塞内卡[2]总结道："我来到世界并非因为想占有一块狭小的土地（故国），而是因为全世界都是我的母国。"这一思想不仅铸就了当时希腊人的世界主义情怀，而且对后世产生了深刻影响。

希腊化世界主义的最成功实践者是亚历山大，其最重要的特点是高度的文化关注，它体现为深刻的怀疑主义、热忱的宗教虔敬、对科学理

---

[1] 斯多葛主义，又称斯多葛学派，是古希腊的四大哲学学派之一，也是古希腊流行时间最长的哲学学派之一。（注：古希腊另外三个著名学派是柏拉图的学园派、亚里士多德的逍遥学派和伊壁鸠鲁学派。）

[2] 塞内卡全名卢修斯·阿奈乌斯·塞内卡，生于前4年至前65年，古罗马帝国哲学家、政治家、剧作家。他受斯多葛哲学影响，精于修辞和哲学，曾担任过著名暴君尼禄的顾问。他主张人们用内心的宁静来克服生活中的痛苦，宣传同情、仁爱。被誉为拉丁文学白银时代的幽默大师。

性的追求、对社会实践的激情、对经典艺术的崇尚，以及对艺术品收藏的酷爱与炫示。正是这种希腊化的世界主义，使得希腊人对东方文化持有不同于任何民族的态度：一方面他们愿意学习，另一方面他们善于在学习中进行创造性转化。

1998年，英国BBC广播公司《亚历山大东征传奇》摄制组，按照亚历山大当年的远征路途行进与拍摄，他们亲身感受到希腊化世界主义历经2000多年仍然风骨犹存的痕迹。纪录片解说词这样叙述："……我们看到希腊和土耳其的皮影戏演绎着他（亚历山大）的故事，伊斯法罕和德黑兰茶馆里的说书人说他的事迹；有坎大哈的医生自称是亚历山大医疗队的后裔，如今为病人开的仍是古希腊药方。那些普通百姓所讲述的亚历山大的故事，则更是不胜枚举：喀布尔的公务员、阿富汗的驯马师、乌兹别克斯坦的宗教僧侣、扎格罗斯山的农民……告诉我们，亚历山大的故事是世代相传的。"

数百年内，亚历山大的事迹被记载于红海岸边亚历山大港的商人们的日志之中，所记载的范围涵盖了从亚得里亚海、红海到印度河、恒河的各个港口。他们把西伯利亚的黄金、大夏的青金石、印度的香料和象牙运往地中海各个港口，将中国的丝绸、茶叶和东南亚的宝石、硬木、胡椒，源源不断地运送到台伯河旁的仓库中；而在印度南部，泰米尔人的诗歌里则不止一次地提到希腊商人、雇佣兵，以及来自希腊、波斯的雕刻匠师的故事。如今我们从历史的某一个关口回望过去，强烈感受到亚历山大时代曾发生过的巨大能量爆炸，有如太空中的星云，在爆发后诞生了新的星系。而我们在观看这绚丽的星系时，会发现上面所点缀的点点星光，这些星光便是散布在其巨大帝国版图上的亚历山大城，它们以其独特的身姿展示出古代文化的精髓。

本章启示：

从人文地理角度来看，如何定义亚历山大东征？

从人文地理角度来看，亚历山大东征是一次文化发现之旅。他率领的学者型将军们发现了波斯文明、印度文明和中亚文明的各自特征，它们的多样性以及在奇特地理情况下的相互渗透与变化，这为亚历山大建立"东西方文化联合体"的初心奠定了基础。

第四章

亚历山大城

Enlightment of Silk Road Civilization

第四章 亚历山大城

亚历山大在他庞大的帝国疆域内修建了数十座亚历山大城，它们是展现和传播希腊文化的载体。位于埃及红海之畔的亚历山大城作为东方"知识之城"的代表，繁盛了800余年，其影响一直延续到今天。

第 1 节 丝绸之路上的亚历山大城

公元6世纪，东罗马帝国产生了一位伟大的皇帝——查士丁尼大帝[1]，他东伐西讨、南征北战，几乎恢复了罗马帝国鼎盛时期的荣光。一次他在与臣属讨论帝国与东方的丝路贸易时不无羡慕地说：巴克特里亚的希腊王国是一个"千城之国"。实际上，这时的巴克特里亚希腊王国早已不复存在，甚至连它的继承者贵霜帝国也已消亡。查士丁尼所说的是祖辈流传下来的故事，说明罗马人对亚历山大的伟业及其遗产"千城之国"的记忆是多么的深刻。鉴于查士丁尼本人曾主持营建了伟大的城市君士坦丁堡，即现今土耳其的伊斯坦布尔，所以他的赞美具有非同寻常的意义。

早在罗马帝国迪奥多西大帝做出迁都君士坦丁堡决定之前的500多年，亚历山大和他的将领们就建造了一批希腊式城市。这些城市遍布马其顿帝国广袤的疆域，从地中海沿途经小亚细亚，一直延伸到伊朗高

---

[1] 查士丁尼一世［拉丁语"Justinianus I"，希腊语"Ιουστινιανός"，全名为弗拉维·伯多禄·塞巴提乌斯·查士丁尼（Flavius Petrus Sabbatius Justinianus），约 483 年 5 月 11 日—565 年 11 月 14 日），东罗马帝国（拜占庭帝国）皇帝（527—565），史称查士丁尼大帝（英语"Justinianus the Great"）。

原、兴都库什山脉、喜马拉雅山脉、斯瓦特河谷、巴米扬翠谷、印度河流域，一直延伸到阿姆河、锡尔河交汇的费尔干纳盆地。它们有着鲜明的标志：严谨的城市规划，在城的中心部位建有祀奉希腊神祇的神庙和祭坛，还有剧场、图书馆、体育场甚至浴场；希腊的柱式、雕像和浮雕也遍布其中。这些城市不仅是富足的象征，而且是文化传承的载体。建于城市中心部位的神庙等系列建筑和雕像群，成了希腊人和罗马人文化认同的标识，并成为传播地中海文化流域的"世界主义"观念的物质基础。

我们回溯到公元前330年1月30日，亚历山大率军到达波斯帝国的中心城市波斯波利斯，那严整排列的高大石柱，仿佛雾夜中的雪白手指亭亭玉立；其中的国王宫殿伟岸且壮丽，朝觐大殿上的雕刻隆重而精美，来自西西里的希腊史学家狄奥多罗斯这样转述亲眼所见：波斯王宫有三层高大厚重的围墙环绕，青铜大门的两旁是直入云霄的旗杆，散布在王宫平台四周的是国王与家眷的寝宫、王室珍藏，以及重要王族的宅邸。当时亚历山大快步登上城堡顶端，举目遥看，心生敬畏，在他知道这是大流士三世亲自主持设计之后，不由得对这位敌手发出赞叹："这才是一个真正的帝王！"波斯的王宫建筑给亚历山大留下了极为深刻的印象，也为他在世界各地建造亚历山大城注入了持久的内在动力。

我们可以在后来埃及的亚历山大图书馆馆长埃拉托色尼所绘制的地图上看到其标注的30余座亚历山大城，这些城市的建立印证了亚历山大的豪言壮语，他曾说过："我是伟大的征服者，我的功绩耀万世。即便人们忘记我的功绩时，人们看到亚历山大城，就会想起它英明的缔造者。"在这些城市中，最有名的是红海之滨的亚历山大里亚、高加索山下的亚历山大城（贝格拉姆）、汇流处的亚历山大城（乌奇）、最远的亚历山大城（埃恰特）。我们不仅要关注这些城是怎样建立的，更要留意它们在历史中是怎样被人们对待的，因为后者说明了更为重要的问题。

当亚历山大在完成东征伟业返回故乡途中时，在旁遮普各条河流汇入印度河的地方建了一座城，命名为"汇流处的亚历山大城"，并希望它成为永垂史册的世界名城。如今，沿着印度河平原一直向南走，抵达一个叫做"乌奇—夏利夫"的地方，就可以看见在高高的土丘上有一座泥砖古城，它的四周环绕着稻田和棕榈树丛，其间点缀着蓝色瓷砖外墙的苏菲派圣徒寺庙。印度河与杰纳布河在城的下方交汇，使高丘变得非常干燥，一年一度的节庆经常有游吟歌手、诗人以及男女僧侣光临，他们仍保持着对在印度河谷留下行迹的伟大圣人的记忆。今天的乌奇圣庙是重建的，虽然它已变成一座伊斯兰教的建筑，但人们都知道亚历山大在这里停留过半年，并建造了一座由周长10公里的城墙环绕的城市，即著名的"汇流处的亚历山大城"。它被记载在各种文字的典籍里，被诗人与游吟歌手们代代吟诵和传唱。

另一座著名的亚历山大城叫做"最远的亚历山大城"。这是公元前327年的春天，亚历山大在距离中亚撒马尔罕西北250公里的锡尔河流域建立起的一座有6公里长城墙的亚历山大城。这里既是昔日波斯帝国的北部边界，也是马其顿帝国所能达到的最北界线。罗马史学家库尔提乌斯在公元30年写道："那些当年居住在城里的各色人等——伤兵、残废、雇佣兵、退伍军人、获释俘虏……他们的子孙因对亚历山大的共同记忆而自认为是同一族群。"我们可以想象出这些不同阶层、种族，甚至是孑然孤身的人，因亚历山大的精神而凝聚，为希腊文化传统而自豪，在遥远生疏的异邦开辟出一种全新的居住方式，是何等的壮举！后来的历史记载证明了此点，这座城市的繁荣一直延续到中世纪，城市的居民以"骑士精神"而著称，而当地所产的石榴也和撒马尔罕的苹果一样有名。它，就是现今塔吉克斯坦的苦盏市。

更为传奇的是亚历山大在奥克苏斯河畔建立的亚历山大城。它位于阿富汗北部边陲的高原上，面对着塔吉克岩壁，放眼望去，群山绵延的脉络消失在陡峭的岩壁后面。这座距离马其顿万里之遥的城市显示了所有希腊城市的特征：由地势较低的城区拱卫的卫城以及广场、神庙、剧场、体育馆、宫室和集会场所，具有一切希腊化文明的外观和舒适的设施。目前还能看到一座纪念碑，碑底基座上镌刻着德尔菲箴言：

孩童学习礼仪

青年节制激情

中年公正不阿

老年提供忠告

然后死无遗憾

石碑上的铭文显示，这座碑由克里尔恰斯为基尼亚斯而立。克里尔恰斯是亚里士多德的学生、亚历山大的同学，与基尼亚斯一同以军官的身份随马其顿军来到中亚。当奥克苏斯河畔的亚历山大城建成之后，他将镌刻在花岗岩上的德尔菲箴言与战死的同乡紧密相随，让希腊的理想与战友的尸骨长眠于此。2300年过去了，一代又一代的王朝，随着权力者肉身的陨灭而轮换更替，消失在人们的记忆长河中，但唯独亚历山大的印记却在历史的铁灰下熠熠发光，它标示出一条闪光的道路：古希腊智慧的珠玑是如何经由那些"勤勉的希腊人"的脚步，而遍布崇山峻岭和中亚平原的。"最远的亚历山大城"与最负盛名的红海之滨的亚历山大城之间有7000公里之遥，甚至超过了古代人类行走能力的极限，但它们却存在了下来，与当地的人民一道，共同保留了对于希腊文化的记忆。在此，亚历山大城已成为一系列联结希腊文化、印度文化与中亚文化的链条，最终促成了希腊的造型艺术与佛陀的智慧觉悟的结合。

第2节　知识之城——亚历山大图书馆

除了以上诸多的亚历山大城，最为著名的还是要属埃及红海的亚历山大城。这座位于地中海之滨的亚历山大城与托勒密家族的名字共同彪炳史册。作为将军兼历史学家的托勒密·索尔特，是马其顿君王亚历山大遗志的真正执行者，他秉承主公对理想之城——亚历山大城的最初规划，在公元前323年做出了以图书馆为核心的具体设计，使之成为象征希腊化精神的代表性城市，同时，也将"托勒密一世"（古希腊语，意为救星）的原初意义予以真切体现。半个世纪后，横跨海峡的亚历山大灯塔建立了起来，它奇迹般的灯光不仅照亮了摩西当年率以色列人出埃及的红海两岸，而且映耀出亚历山大图书馆的宏伟轮廓。从此，"亚历山大"一词所表征的希腊化造型体系，成为对知识、智慧、理想追求的代名词，更为重要的是，为这座希腊罗马时代的学术之都复活柏拉图的理念而奠定了坚实基础，甚至古代名城尼尼微、巴比伦、苏撒、尼萨、大马士革、伊兹梅尔、以弗所……都要向亚历山大城致敬。

亚历山大城的诞生与"谷粒的传说"相伴。公元前335年，亚历山大在率军前往上埃及古都底比斯的途中，被沿途壮丽的景色和它的深厚历史而感动。当一行人跨越红海上岸时，亚历山大若有所思，命人拿来制图粉笔要画图。可惜粉笔渡海时被浸湿，一个聪明的侍卫立刻解开粮袋倒出谷粒，于是亚历山大以谷粒代粉笔，迅速摆出了未来知识之城的格局。当时围观的众部下谁也没弄明白是什么意思，唯有托勒密明白了主公的心愿。12年后，亚历山大英年早逝于巴比伦，他对帝国继承权的遗言"属于最强者",从此拉开了众将领之间的厮杀帷幕。托勒密主动退出争夺王位之战,毅然选择离开小亚细亚出走埃及。在我看来,这并非是因为怯敌,而是为了回应"亚历山大城"——理想之城向他发出的召唤。当托勒密把亚历山大城的构思传导给建筑师的一瞬,"亚历山大的谷粒"变成为真实的实体空间便注定成为现实。它崛起于红海之滨,复兴了人们对伟大城市的渴望,为时代精神长驻此城提供了丰厚的物质基础。

一个半世纪后,哲学家普里盖乌斯率领他的弟子们在这座城市悉心研究古典学问,并与其他学者群共同组成了著名的"亚历山大学派"。这位哲学大师的学生普罗提诺[1],后来成为整个学派的翘楚,他依据柏拉图的"光照理念"说创建了"新柏拉图主义"。这一划时代思想为西方文明的燃炬穿行漫长黑夜而备下了火种,其重要历史价值要在1200年后的托马斯·阿奎那的神学体系中方才完整地显示出来。

公元前3世纪的亚历山大城,知识积累丰厚、技术空前发展,呈现出前所未有的学术氛围。图书总馆与博物馆之间由一座优雅的学院相互连接,并且其中设有神殿。神殿的设计者海隆大师为如何向公众显现其骄傲与高贵而绞尽脑汁,在进行了数十年艰苦研究之后,终于发明了一系列精密的器械装置,包括悬飞的太阳神马车以及迎着朝阳会自行开启的神殿大门。在神圣的祭祀日,当朝霞染红神庙的第一根大理石柱时,巨大的青铜

---

[1] 普罗提诺,又译作"柏罗丁",新柏拉图主义奠基人。生于埃及,233 年拜亚历山大城的安漠尼乌斯为师学习哲学,曾参加罗马远征军,其目的是前往印度研习东方哲学。此后定居罗马,从事教学与写作。其学说融汇了毕达哥拉斯和柏拉图的思想以及东方神秘主义,视太一为万物之源,人生的最高目的就是复返太一,与之合一。其思想对中世纪神学及哲学,尤其是基督教教义有很大影响。大部分关于普罗提诺的记载都来自他的学生波菲利(232—304)所编幕的普罗提诺的传记中。

门无声无息自动开启，在将一缕清光迎入前殿的刹那，伴随着似泉水叮咚般的音乐，一列闪烁着金光的太阳神车马凌空驰来，引起众人一片惊叹！这就是亚历山大城中最神奇的一幕，是古代世界知识与智慧的"合唱交响曲"。

为了表现亚历山大图书馆是知识的崇高殿堂，所有的石柱都雕有智慧女神形象，它们支撑着美丽的纸莎草柱头，仔细围合着壁灯洒下的神秘光波，而映照出智慧与思考的轨迹。羊皮纸卷搁在高高的书架上，学者登梯拾级而上，如雕像般伫立并开始工作。在这里，誊写、复制、研究、整理……历时几百年的不倦劳作，使图书馆汇聚了如下名声显赫的藏书，例如：《圣经·旧约》的第一本希腊文译稿"七十士译本"、诗人荷马的全部诗稿、古希腊三大悲剧作家的手稿真迹、亚里士多德和阿基米德等大师的著作手迹等。

同时，亚历山大图书馆历任馆长亦铭记着一连串伟大的名字：历史

亚历山大图书馆

学家泽洛多托斯，亚历山大派首席诗人与目录学家卡利马科斯，诗人、剧作家阿里斯托芬，地理、地图学家埃拉色托尼。正是埃拉色托尼不懈努力地完成了对地球周长的精确计算，以及绘制了标有经纬线的地图，并且在"世界主义"的影响下编著了《地球大小的修正》和《地理学概论》两书。还有教育家阿利斯塔克斯，他在任期内完成了《荷马史诗》全集的修订，而这一工程费时百年。

在公元前1世纪，托勒密七世克丽奥佩特拉即著名的"埃及艳后"，挟亚历山大城余威而与罗马帝国周旋，直到阿克提姆海战硝烟散尽的最后一刻。亚历山大灯塔的坍塌象征着古代世界的崩溃，巨大的花岗岩怀抱奇迹密码沉于海底淤泥深处，但其灵魂不灭，它在沉思了1500年后，由意大利文艺复兴重温旧梦——成为一个令人陶醉的伟大梦幻。

亚历山大图书馆

这个梦还能延续吗？1974年，埃及亚历山大大学校长迪沃尔提出重建"历史上第一图书馆"的动议，它如同一个中古骑士的挑战摆在全人类面前。15年后，挪威建筑师以杰出的设计方案回应了这一挑战。当新图书馆于2002年建成启用时，被一致公认为是"世界最佳建筑"。它尽管比不上原建筑的厚重与神秘，但其开放式的设计理念、纤巧劲挺的结构与阶梯式的阅览方式，使人类知识传递的火炬没有中断而是继续燃烧，2000年前的伟大理想再次得到当代回应。

毫无疑问，亚历山大城及其图书馆的建立是人类历史发展到新时期的产物，它们的出现标志着欧亚大陆上彼此隔绝的文明体系的又一次贯通，是"人类命运共同体"的一个知识文本雏形。这些城市和建筑尽管已经消失了，但它们所创造的文明以及带给我们的启示则泽被后世，永远值得后人回忆和追索。

第3节　亚历山大学派与光的形而上学

亚历山大港作为知识之城，在公元3世纪前后迎来了重大转折。这一转折体现在两个方面：产生了一个伟大的折中派哲学——新柏拉图主义，以阿摩尼阿斯·萨卡斯（Ammonius Saccas）和普罗提诺为代表；另一个方面是新的信仰的崛起，它由基督教兴起为标识，以亚历山大的克雷芒和奥利金为主要代表。

自从托勒密二世建成以图书馆为中心的亚历山大城以来，这座城市迅速取代巴比伦而成为地中海学术之都。它作为一个中心点，东西方各民族的宗教信仰与神话体系都在这里交汇。在城内外林立的神殿宗庙内，各种宗教信仰都在互相较劲，在每一个部分里仔细寻觅和收集对方的优秀因素并学习之。这种前所未有的努力使亚历山大城发生了一种哲学，它并不依靠传承某一特定的古代哲学派别，而是把许多不同的哲学系统结合起来，毕达哥拉斯学派、柏拉图学派、亚里士多德学派、斯多葛学派、赫拉克利特学派……所以这种哲学被称为折中主义。许多折中派的学者是平庸之辈，只有少数是聪明人，他们索要最优秀精粹的思想并作出最好的总结——这就是新柏拉图主义。

它以一种更高的文化把以前那些哲学系统重新武装起来，在普罗提诺那里产生了一个更深刻的原则：自我意识是绝对本质的本质，因此，上帝并不是一个存在于自我意识之外的精神，而要把上帝的存在视为真正的自我意识本身。

对于光，柏拉图有理念而未有系统论述，普罗提诺采取前述的融合法，把闪米特文明对太阳神"巴尔"的崇拜、埃及"瑞"神崇拜，与希腊"阿波罗"太阳神崇拜、波斯"光明之神"阿胡拉—玛兹达崇拜、佛教对光亮澄明之境的向往综合起来，纳入一个严肃的形而上学的思考体系。

光，是古代东方世界最重要的精神遗产。闪米特文明对太阳神"巴尔"的崇拜，演变为埃及"瑞"神崇拜，它与希腊"阿波罗"太阳神崇拜、波斯"光明之神"阿胡拉—玛兹达崇拜衔接，形成地中海文明域的太阳神崇拜体系。以上多神教的崇拜一直延续到公元1世纪，方才由亚历山大学派将其纳入了形而上学的思考。

在普罗提诺的《九章集》中，"光"被提升到绝对高度，至高的"太一"逐级散发，下降到物质，然后升华，完成"下降之路与上升之途"的对流。这一新柏拉图主义的理论，整合了犹太教《圣经·旧约》中"光"的经验与地中海太阳神崇拜体系，使之成为人类的普遍经验，意义深远。

通过拜占庭神父假托狄奥尼修斯的努力，普罗提诺开创的新柏拉图主义美学完成了基督教神学美学的转换，并成为拜占庭圣像画的精神基础。加洛林王朝的伟大学者约翰·司各特·埃里金纳的著名理念是："绝对大美是对神圣原型的模仿。"圣丹尼斯修道院絮热院长对哥特式大教堂光照理论的实践，夯实了文艺复兴大厦承纳神圣之光的基石。如果从一个精神角度去透视，从拜占庭圣像画脱胎而出的间接画法、厚涂薄罩的油画技巧，实际上是对永恒天国召唤大地生灵的隐喻。在乔瓦尼·贝里尼的杰作《唱诗班男童》中，人物面部的光照感觉，十分类似大教堂圣器室里的采光效果。

厚涂、透明画法在本质上是表现光。《圣经》开篇即说："有了光，便有了一切，"但问题在于，"一切"是如何变成"有"的呢？这正是圣事艺术的原初起点，通过物质媒材来见证神圣之存在。

整个西方世界在繁盛的雕刻之外，绘画逐步发展出伟大的技巧，它仍借鉴一系列不朽的概念——"如雕刻般作画"以及嵌压与磨褪技巧，这些都是表现光与大地存在感之间深刻关系的重要手段。

对文艺复兴雕塑、绘画形象进行东方材质的转换，并非是一般的材料游戏，而是要探究"风"与"光"交织互融的可能性与边界线。它们的扭结点是"磨砺痕迹学"。西方的磨砺痕迹出自古代壁画与圣像画，东方的磨砺痕迹则立足于金文篆刻、书法印章。

人文地理、生态环境、文化背景、工具材料的差异，促使东西方文明逐渐寻找到"磨砺痕迹学"各自不同的支点。地中海延伸至欧洲大陆的润湿环境、丰茂植被、海洋性季风气候，对生成最富有人性的画面效果（坦培拉、油彩）产生了根本性的影响。

东方的亚洲大地由于青藏高原的崛起，形成了地球上最为严酷的大陆性气候，寒暑严明、晴旱少雨，风烈沙急、植被贫瘠。在这种自然地理与气候的条件下，催生出摩崖石刻、原石凿刻、青铜铸造、器物打

《唱诗班男童》，1485 年，木板坦培拉，88cm×70cm，1885 年之前被认为是 Giovanni Bellini 作品，1885 年修复时鉴定真实作者为 Andrea Mantegna

磨，而农耕文明的早熟，则促使植物性颜料与织物绘画的发达。

"风"塑造了亚洲大地，也塑造了东方精神，使它们成为人类超验信仰系统的摇篮。让我们插上想象之翅，翱翔东方大地，目睹如英雄意志般挺立的雪峰、似巨人躯体般赤裸的山脉、圣徒般清寡的旷野，以及母亲般温厚的高原时，就会深刻地体会它们为何是苦难与意志的象征、信仰与决绝的见证。另一方面，东方世界早在公元7世纪就出现了油画，巴米扬翠谷佛教窟寺壁画中使用了油性媒介剂，但在8世纪中叶后再不见踪迹，这似乎是个历史之谜。

正是从那一历史时刻开始，随着"渔阳鼙鼓动地来"，大唐盛世瞬间崩塌，东方灵魂开始转向纸本水墨。它意味着源自古代地中海世界对光辉理想的追求，已为道家的清心寡欲、羽化升仙意识所取代，垂直向度的仰望亦为水平向度的悠闲所颠覆。

但以上现象并不代表东方就此放弃了对神圣之光的追求；相反，在经过历史千年的轮回之后，当东方重新站在人类历史文化高点上时，亚洲大地的伟大潜力逐步明显，现实苦难与生命重负再次焕发出价值闪光，并预识了中国崭新的精神艺术——神圣山水的完整轮廓。

总结：从人类精神文化的大历史视角来看，东方的绝对地理高度，恰好是承载新柏拉图神学美学的物质基础。普罗提诺的"下降之路与上升之途"，在构建西方13世纪经院神学美学的同时，也为当今东方大地精神艺术尤其是光的表现作出了预识。

本章启示：

产生于公元3世纪的"光的形而上学"，作为古代东方美学思想，可以在今天"东方文艺复兴"的时代大潮得到全面复兴吗？如何达成？

参照历史经验，通过理性的思考与判断是完全可能的。一方面是"东方文艺复兴"理念的引领，如当年古代圣贤做的那样；另一方面是严谨学理构建与高超的艺术创造。如此才能将东方大地的神圣能量充分地彰显出来。著名东方学学者爱德华·萨义德早就深刻指出：东方文艺复兴历史使命的承担者，一定是来自东方文化内部的思想者与艺术家，不可能来自外部，也不可能思想与实践两者脱离。

第五章

帝国之肩

Enlightment of Silk Road Civilization

第五章　帝国之肩

　　亚历山大帝国瓦解后，在东西两端崛起的塞琉古帝国与印度孔雀帝国，都是历史上著名的王朝。它们共同携带着希腊化的文化因子，在相互碰撞交流中续演着文明交融的戏剧，巴克特里亚希腊王国的雕刻艺术家们创造的"犍陀罗佛像"，可视为这种文化碰撞交流的结晶。

第 1 节　塞琉古帝国的荣辱

　　亚历山大所建立的横跨亚非欧大陆的庞大帝国，在他英年早逝之后很快便土崩瓦解了，但其文化理想并未随着马其顿帝国的崩溃而流逝，反而随着希腊化国家的陆续建立而发挥出持久且深远的影响。

　　亚历山大去世的那一刻起，帝国立即陷入了巨大的混乱中，各将领为争夺帝国领土而相互攻杀，这一混乱的局面一直影响到印度的希腊诸王朝。由于骑兵历来在马其顿军队中地位最高，因此骑兵将领帕迪卡斯被大家推举为摄政王，他一心想维持帝国的统一，但在进攻埃及时失利，本人也为部下刺杀。公元前321年，亚历山大部下诸将领在叙利亚召开会议，即"特里帕拉迪苏斯分封协议"，讨论帝国划分问题。在这一轮争夺中，巴比伦总督塞琉古和西里西亚总督安提戈努斯逐渐成为竞争的主角。安提戈努斯势力强大，且一开始占了上风，他迫使塞琉古从巴比伦逃往埃及。公元前312年，踌躇满志的安提戈努斯率大军征伐埃及，但被托勒密的军队击败，其结果是塞琉古得以从埃及返回巴克特里亚重整旗鼓，并以此为粮秣基地积蓄力量。公元前301年夏，塞琉古与安提戈努斯的大军进行决战，后者大败。于是，塞琉古便在原马其顿帝国的亚洲领土上建立了塞琉古王朝，定都巴比伦；一年后他将国都迁往安条克，而巴比伦则成为学术之都。

上述政治王道史的演变，掩盖不了一个本质的历史趋向：这些来自希腊的亚历山大帝国的将领们，在东方世界仍在续写着亚历山大建立"东西方文化联合体"的夙愿篇章，在这一方面，塞琉古帝国[1]无可争议地成为主导力量。对于这个王朝的所有臣民来说，保持希腊文化的纯洁性是最重要的事情。而从亚历山大以来形成的一种牢固的观念——"城市是希腊文化的物质载体"，亦浸漫在这些希腊化的国家之中。在塞琉古时代，这种对城市的偏好有增无减。公元前226年，塞琉古放弃巴比伦而在谋夫绿洲上建立起一座新的都城，并以自己的儿子安条克命名，这就是著名的安条克城。在安条克城的周边，还散布着塞琉古王朝历时100余年所建的数十座希腊式城市，它们的标志是安条克城墙。据文献记载，曾有235公里长的城墙像中国的长城一样拱卫着整个谋夫绿洲。

在物质和财富方面，塞琉古帝国也颇为强盛。我们知道，由于地中海世界对来自中国、印度、南亚的以丝绸为代表的物品有着大量的需求，因此商路十分发达，从爱琴海沿岸起，经新月沃地地区、小亚细亚、两河流域、米底、波斯而到巴克特里亚，再从巴克特里亚往南到印度、往东到中国、往北到中亚和西伯利亚，控制商路的塞琉古王朝在其中获得了巨大利益，城市也因此十分繁荣。以乌鲁克城为例，这座起源于苏美尔时期的古老城市，在塞琉古时期达到了人口数与稠密度的顶

---

[1] 塞琉古王朝是亚历山大部将塞琉古所建，以叙利亚为中心，故又称"叙利亚王国"，中国史书称"条支"。早在公元前312年，塞琉古已据有巴比伦一带。其后数年，与安提柯争夺叙利亚，地位日趋强固，乃于公元前305年称王，为塞琉古一世（前305—前280）。

点，市民们享受着极其富裕的都市生活。

而富庶的生活并未遏制住政治家们的欲望。公元前250年，巴克特里亚总督狄奥多托斯宣布脱离塞琉古王朝独立，建立了巴克特里亚希腊王国[1]；大约同时，位于伊朗高原东北部的帕提亚总督也宣布脱离塞琉古王朝而独立，但不久便遭到讲伊朗语的达赫人的大规模入侵，他们的首领阿尔撒西斯于公元前248年建立了阿尔撒西斯王朝，即后来著名的帕提亚帝国[2]。

这一系列变故使得该地区陷入了复杂的三角关系。早期，巴克特里亚富庶强大，帕提亚则国力贫弱。从公元前247年开始，新兴的帕提亚一方面和巴克特里亚结盟共同对抗塞琉古王朝，另一方面向西扩张，国力日渐强大。奇怪的是，这种王道政治方面的争夺，并没有妨碍这些游牧部落（达赫人）崇尚敌手（希腊人）的文化，帕提亚统治者称自己是"希腊迷"，在其统治区域内广泛地采用希腊的语言并推崇希腊艺术。这种情况至少持续了近3个世纪，并深刻影响了帕提亚帝国自身的文化

[1] 公元前3世纪中期，古希腊殖民者在中亚草原地区建立的希腊化的奴隶制国家，又称"大夏—希腊王国"，首都巴克特拉（今阿富汗斯坦巴尔赫）。"巴克特里亚"是古希腊人对今兴都库什山以北的阿富汗斯坦东北部地区的称呼，其位置与中国的青藏高原西北部的葱岭（今新疆维吾尔自治区与塔吉克斯坦交界的帕米尔高原）相接壤。也就是说，在历史上，古希腊——马其顿人的国家曾经到达过与中国西北部的新疆和西藏一带相接壤的地区。

[2] 安息帝国（波斯语"امپراتوری اشکانی" "Emperâturi Ashkâniân"，前247—224），又名阿尔萨西斯王朝或帕提亚帝国，是亚洲西部伊朗地区古典时期的奴隶制帝国。建于公元前247年，开国君主为阿尔萨西斯。公元226年被萨珊波斯代替。全盛时期的安息帝国疆域北达小亚细亚东南的幼发拉底河，东抵阿姆河。安息帝国位于罗马帝国与中国汉朝之间的丝绸之路上，成为商贸中心，与汉朝、罗马、贵霜帝国并列为当时亚欧四大强国之一。安息帝国是一个由不同文化组成的国家，它在很大程度上吸纳了包括波斯文化、希腊文化及其他地区文化的艺术、建筑、宗教信仰及皇室标记。随着安息帝国的扩张，帝国首都的所在地也沿着底格里斯河由尼萨迁往泰西封，其他多个城市也曾成为首都。

特点。

以上一系列独立和反叛的事件使得塞琉古王朝跌入动荡衰落的深渊，而在它的后期，塞琉古帝国的西面又兴起了一个更为强大的对手——罗马帝国。终于，在公元前1世纪中期，风雨飘摇的塞琉古帝国被罗马帝国和帕提亚帝国瓜分，退出了历史舞台，但它对该地区的文化影响却历久弥深。

第2节　孔雀王朝的兴衰

而几乎在同一个时代，与塞琉古王朝相对峙始终的是印度孔雀王朝[1]。就在亚历山大统帅的希腊大军进攻印度的时候，北印度古国摩揭陀国的将领游陀罗笈多·毛里耶，也就是著名的"月护王"，遭到国王的迫害而逃亡，他与一名婆罗门于公元前323年共同在北印度名城塔克西拉晋见了亚历山大大帝，并声称愿为之效力。亚历山大没有答应他的效力请求，却慷慨地将印度河沿岸土地赐给了他。聪明的游陀罗笈多·毛里耶没有立即离开，而是在希腊大军的营地附近待了下来，悉心学习马其顿人的骑兵战术与攻城战法，这些经验在他日后创建孔雀帝国的过程中显示了巨大作用。公元前324年，在亚历山大结束东征班师回朝的时候，蓄势待发已久的游陀罗笈多·毛里耶返回摩揭陀国发动人民起义，迅速推翻了难陀王朝而创立了孔雀王朝，定都华氏城。15年之后，月护王率军打败了前来

---

[1] 孔雀王朝（约前324—约前188），是古印度摩揭陀国著名的奴隶制王朝，因其创建者游陀罗笈多出身于一个饲养孔雀的家族而得名。月护王赶走了希腊人在旁遮普的残余力量，逐渐征服了北印度的大部分地区。月护王在位后期击退了塞琉古帝国的入侵，并获得对阿富汗的统治权。公元前3世纪，阿育王统治时期疆域广阔，政权强大，佛教兴盛并开始向外传播。阿育王死后，他的儿子据地独立，原来在帝国内处于半独立状态的安度罗也在南部宣布独立。孔雀王朝在恒河流域继续维持统一。

征讨的塞琉古帝国的大军，双方缔结和约：塞琉古王朝将旁遮普、格多罗西亚等地割让给孔雀王朝。作为交换，孔雀王朝赠给了对方500头大象。自此之后，孔雀王朝的版图北至兴都库什山和克什米尔，南至迈索尔，空前强盛。

孔雀王朝的开创者旃陀罗笈多·毛里耶晚年皈依了耆那教，在出家地去世后，他的儿子宾头沙罗即位（前297—前272年）。宾头沙罗在位的24年里，秉持武功，将孔雀王朝的版图继续扩大。宾头沙罗年老时，皇后所生的苏西马太子和妃子所生的阿育王子之间展开了残酷的王位争夺。擅长军事武力的阿育王子施展一系列果断行动击败政敌，于公元前268年夺取王位。此后一发不可收拾，四处攻伐，征服羯陵伽国，使得整个次大陆几乎全部纳入孔雀王朝的版图内。但正如万事皆有盛极而衰的道理一样，阿育王一旦去世，孔雀帝国便陷入到了四分五裂的局面当中。公元前2世纪初，帝国的军队统帅弥沙补多罗·巽伽发动政变，废黜了末代孔雀王朝的君主，并在它的基础上建立了巽伽王朝。

从大历史的角度来看，这两大帝国盛极一时，却都无法逃脱灭亡的宿命，但这并不妨碍双方在不断摩擦和战争中加深文化交流，在这个层面上，两个帝国为人类文明的多样性发展起到了良好作用，并留下了丰富的遗产。其典型范例便是印度的"护法雄狮形象"和"孔雀磨光技术"，两者皆与希腊化世界有着千丝万缕的联系。

第3节　从"护法雄狮"到"孔雀磨光"

我们知道，阿育王[1]是佛教史上著名的护法明王，他从即位的第12年开始颁布自己体悟的佛法，命人镌刻在石柱上或岩壁上，竖立在全国各地，其目的是"以佛法代王法"，永存后世。这项工作一直延续到他即位的第27年即公元前246年，其中有在巨大岩壁上所刻的摩崖法敕，以及砂岩柱上所刻的石柱法敕。石柱法敕的石柱顶端都刻有动物雕像，特别是鹿野苑的小石柱法敕，柱顶雕有4只背对背的狮子像，下有法轮，而它们正是我们要论述的重点。

鹿野苑石柱法敕的柱头又称"萨尔纳特狮子柱头"，它的造型风格与印度的传统风格完全相悖，其中蕴含了许多令人不易解读的密码。萨尔纳特狮子柱头的立柱本体，具有强烈的波斯柱式的造型特征，若将印度境内13根依然留存的阿育王法敕石柱与矗立于波斯波利斯的大流士王宫立柱进行对比，就不难发现，它们的造型基本一致：柱式外形由优美流畅的线条勾勒，略呈收分形状，给人以既挺拔而又不失柔和的视觉审美感受。它鲜明地体现了波斯人的创造力，可以追溯到居鲁士时代对于小亚细亚沿海希腊城邦"爱奥尼亚柱式"的吸收与转化。

在柱头的顶端，最引人注目的是四头相背而立的雄狮。众所周知，

---

[1] 阿育王（英语"Asoka"，梵文"अशोक"；公元前273—前232年在位），古代印度摩揭陀国孔雀王朝的第三代国王。阿育王的知名度在古印度帝王之中是无与伦比的，他对历史的影响同样也可居古印度帝王之首。阿育王早年好战杀戮，统一了整个南亚次大陆和今阿富汗的一部分地区，晚年笃信佛教，放下屠刀，又被称为"无忧王"。阿育王在全国各地兴建佛教建筑，据说总共兴建了84000座奉祀佛骨的佛舍利塔。为了消除佛教不同教派的争议，阿育王曾邀请著名高僧目犍连子帝须长老召集1000名比丘，在华氏城举行大结集（此为佛教史上第三次大结集），驱除了外道，整理了经典，并编撰了《论事》，为佛教在印度的发展作出了巨大的贡献。他的统治时期是古印度史上空前强盛的时代，也是印度历史上最伟大的国王。

印度产大象但不产狮子，萨尔纳特狮子柱头上的这四头雄狮从何而来？显然，它们来自西亚。就动物崇拜而言，印度本土传统所崇拜的动物是大象与瘤牛，那么问题产生了：为何佛教护法的动物没有用大象或瘤牛？这种选择异域的动物而摒弃本土动物，是一时的疏忽还是刻意的抉择？按照古代史的常识，这类选择一定有着深刻的原因，绝非一般的举动。

前面已经提到过，阿育王的祖父游陀罗笈多·毛里耶曾与亚历山大大帝在塔克西拉见过面，马其顿的军力、文化以及城市建筑的思路给他留下了深刻印象，这种印象在游陀罗笈多·毛里耶成功地将塞琉古帝国的势力赶出巴克特里亚之后亦没有消退。塔克西拉的希腊式城市布局，被孔雀王朝作为一种先进理念而保存下来，并且运用在首都华氏城以及其他城市的营造之中。这一过程的本质体现出孔雀王朝"世界主义"的萌芽。地中海文化域奉行的"世界主义"在宗教和文化方面的特征是跨越文化、地理、民族的界限，心甘情愿地与更加高级的文化形态认同。例如：马其顿帝国对雅典卫城的敬仰，亚历山大对波斯波利斯的赞赏，西徐亚的部落首领、帕提亚帝国的统治者、大月氏贵族对希腊文化的崇拜皆如此。

阿育王石柱法敕的造型风格趋同于波斯—希腊风格并非孤立现象，帝国首都华氏城所具有的非凡规模及其建筑风格，是孔雀帝国的君主们崇尚地中海—希腊文化的生动体现，这种影响甚至渗透到每一个细节里面。根据塞琉古帝国驻孔雀帝国的大使麦加斯梯尼的记录，华氏城有高大的木栅护卫，其整体形状类似一个狭长的平行四边形，长约15公里、宽约2.8公里，周长则有34公里，整个城池共有570座塔楼和64座城门，是罗马城的两倍，无疑这是古代世界最大的城市之一。更为重要的是，在目前所发现的为数不多的华氏城建筑构件中，其造型与装饰中具有鲜明的异域因素，那些卷叶涡纹和凹槽线条的造型因素均来自波斯和希腊化地区。

华氏城表明，古代印度的城市发展到阿育王时代已经发生了根本的变化；这一变化表征着从印度河流域所生发的城市文明已从地域的独特性走向人类的普遍性。由于当时代表人类文化高峰的是地中海城市文明——希腊、波斯和西亚诸城邦，因此，华氏城的建造有意识地吸收希腊、波斯的因素，标志着印度文明与轴心时代伟大的文化高峰的主动结合，其结合契机先从建筑开始，然后逐步过渡到人的形象。

在通过历史文化学的角度解读了阿育王石柱法敕上的狮子形象后，还要从艺术技术学的视角来分析柱头的质料和造型所承载的不同文化的印记。萨尔纳特法敕石柱的柱头，其石料是纳尔楚花岗岩，聘请来自塞琉古王朝的波斯工匠雕刻而成；表面处理采取了波斯—希腊雕刻的打磨工艺，这就是所谓的"孔雀磨光"。

"孔雀磨光"是指一种雕刻表面的处理技术与视觉效果，源头来自波斯—希腊世界。同样是大理石、片岩、砂岩或花岗岩，打磨与不打磨有着本质差异。打磨过之后立刻具有雍容华贵的气质，作品适合于置放在室内空间，因为它会灵敏地反射任何来光，就像是雕刻自身发出的光泽。相比之下，不打磨给人感觉是岩石本身的粗粝效果，它适合在较为强烈的光线环境下，因为它吸收任何来光。不打磨的雕刻具有拙朴的视觉感和生命的呼吸感，适合表现原始而切近的生命形态。

这种来自希腊—波斯世界的雕像表面处理方式，一举改变了印度传统雕刻那种强调生命呼吸感的粗粝质地。这种改变绝非一般意义上的技术问题，而是象征着一个具有重大意义的历史性转折：体现佛陀精神和美德的艺术，将与根植于印度人血脉中的造型意识彻底告别，而开启一个崭新的世界。"孔雀磨光"不是一般意义上工艺技法的进步，它标志着作为希腊—波斯的雕刻艺术与印度佛教精神相结合的产物，已经为创

恒河女神像

造人类艺术史上的第一尊圣像——佛像做好了技术上的准备。

在阿育王时代，印度本土雕刻已经相当成熟，雕刻家们以夸张的手法和具有想象力的造型，使人物和动物充满生命活力，我们在《恒河女神像》《男女药叉像》等雕刻作品中，都可看见这种充满活力的形体以及仿佛正在呼吸着的肌理。但是，这种雕刻的肌理虽然生动却不端庄，活力四射但无法高贵。这种善于表现动物、植物和人的传统手法，也能胜任表现佛祖释迦牟尼吗？回答是否定的。佛陀去世近500年一直未曾出现他的造像，这已经说明问题。只有在巴克特里亚王国希腊工匠雕刻的《佛陀立像》那里，我们才感觉到佛陀散发出来的伟大的人性光辉，而这一光辉是通过"孔雀磨光"的神奇技术达成的。它改变了石头的原有性质，所产生的奇妙光泽为冰冷的石头灌注了一种人性的温情、一种高贵的品质，这正是佛陀所期望的道德境界。相比之下，那些由印度传统工艺——粗糙的不打磨工艺雕刻出来的人像，即使是同样材质，却显出云泥之别。

由于塞琉古帝国和孔雀帝国的相互影响，促成了东西方世界之间的深度交流，其结果使得希腊、波斯、印度等地域中的文明元素进行了重组和升华。其中的一个重要的结果就是佛像诞生的种子被埋藏起来，蓄势待发。直到巴克特里亚希腊王国全面控制犍陀罗地区时方才迎来转机。

从塔克西拉到华氏城，从贝那勒斯到攸提德莫城，这一覆盖兴都库什山脉、喀布尔河与苏莱曼山脉、印度河流域的广袤区域，是希腊化世界与印度文明交流融汇的地区，释迦牟尼、亚历山大、月护大王、阿育王都曾来过这里。释迦牟尼创造了佛教，亚历山大带来了希腊的数理逻辑和艺术形式，月护大王在这里树立了建立霸业的雄心，而阿育王则展示了尊崇佛法的虔诚和传道壮举。这些精神文化遗产最后被巴克特里亚的希腊人和贵霜帝国的佛教徒们发扬光大。总体来说，希腊人崇尚并吸纳了印度的宗教思想，而印度人则接受并悦服了希腊的造型艺术观念，犍陀罗佛像则是这一文明交融历史剧上演后的结晶。

本章启示：

如何理解佛像的诞生在丝绸之路上的划时代意义？

　　佛像诞生，竖立了一尊里程碑，它标示出三个古代东方文明——希腊、波斯、印度之间的碰撞与融合。它们各自最精彩的部分：希腊的数理明晰、波斯的正义与光明、印度的佛教信仰之间达成了完美融合，同时也为东方最伟大的折中主义——亚历山大学派，以及普罗提诺"神光流射说"的诞生，作出了预识。

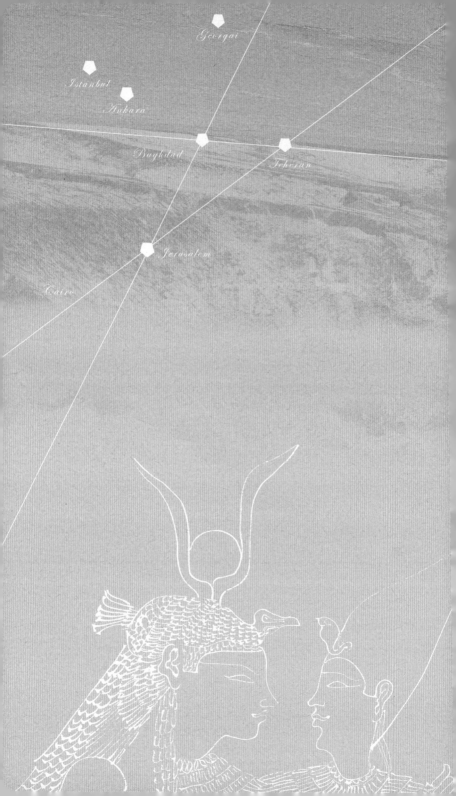

第六章

阿育王弘法

Enlightment of Silk Road Civilization

第六章　阿育王弘法

中国浙江省的宁波市有一座阿育王寺，该名称充满异域色彩，而非传统的汉名。这座寺庙的名称是根据印度历史上一位名叫"阿育王"的君主而命名的，那么阿育王是谁？他在历史上究竟取得了怎样的功绩，使得他的名声远播四方呢？

阿育王是孔雀帝国的第三代君主。他前暗后明，年轻时信奉武力、嗜杀无度；后来经由高僧尼瞿陀的劝诫而幡然悔悟，"放下屠刀，立地成佛"特指此事。他通过弘扬佛法和广施善举而成为历史上最著名的法王（转轮圣王）。阿育王于公元前258年主持"华氏城结集"之后，便在全国各地竖立法敕石柱，诏令以佛法代王法；同时，派出了18位携带佛骨舍利的传道师向世界各地传播佛教，这一决定使佛教成为了世界性的宗教。

阿育王是一位因为皈依了佛教而成为人类历史上史无前例的法王。他毕其后半生致力传播佛教的功绩，被英国著名学者史密斯认为是人类历史上最重要的人文事件。佛教的形成与传播和其他的宗教一样，是在东方广袤大地上展开的。从地中海到小亚细亚、美索不达米亚，再到伊朗高原、兴都库什山脉和帕米尔高原，在辽阔的西亚—北印度大地上，琐罗亚斯德教所蕴含的超验信仰因素，促使印度产生了一场对婆罗门教逆反的思想运动，其结果是佛教与耆那教的诞生，它与中东犹太教的弥赛亚信仰、波斯的琐罗亚斯德教、希腊的哲学思想、中国先秦时代的人文思想，共同构成了轴心时代五座思想文化高峰。

宁波阿育王寺

第 1 节 释迦牟尼的志向与情怀

首先追溯一下佛教思想萌发的根源。在距离地中海文明域7000公里的遥远东方，第一次带领印度人进入"人类有意义历史"的人物是释迦牟尼。他约生于公元前563年，约卒于公元前483年。当他在贝纳勒斯传播其教义时，以赛亚正在向巴比伦的犹太人发表预言，以弗所的哲学家赫拉克里特正在研究万物的本质，孔子正在百折不挠地向各诸侯国君主宣扬圣人君子之道；他们都生活在公元前6—前5世纪的时代，但彼此各不相知。这些圣人哲贤做梦也没有想到，他们当年信奉与传播的理念思想，竟然构筑了当今世界文明的基本格局。

　　释迦牟尼的故事已是尽人皆知，在此不再赘述，但他的思想精华，以及与其他文明之间的关系，则有必要简单提及。释迦牟尼原名乔达摩·悉达多，是迦毗罗卫国的国王之子。作为一个受过良好教育、天资聪颖的王子，他有充分理由去享受丰裕的生活和快乐的青春；但恰恰相反，对人生的生、老、病、死，对各种欲望、不安、痛苦、绝望的体悟，竟很早就占据了他的全部心思。那些将大部分时间花在默祷和探究生命的意义，寻求人生更高价值的苦行僧们，成为释迦牟尼的榜样；但在了解了他们的思想与学说之后，他又无法得到满足。终于，释迦牟尼在长时间的孤寂修行之后迎来了觉悟的时刻。释迦牟尼所有问题的出发点是：作为一个幸运的青年，为什么我不能完完全全地快乐呢？人如何才能真正认识人生痛苦的根源，并洞悉人类自我解脱之道？这是一个具有绝对性的内省问题，与泰勒斯、赫拉克里特执着于外在宇宙之谜的那种坦率无我的探究精神，同样无我的以赛亚（先知）对希伯来人民热忱的道德教训，大公无私的孔子对礼崩乐坏、道德沦丧之现实的痛心疾首……有着本质的区别，这位印度王子执着的是一种全神贯注于自我觉醒与解脱的内在心灵探求。

　　佛教所代表的改革运动，是试图将吠陀的天启思想和奥义书的神秘主义玄思进行一种新型的理性转变，这种理性也出现在印度伟大的语言学家帕尼尼的著名语法著作中。虽然释迦牟尼的教导后来与神秘主义玄思，甚至密宗佛教中的巫术思想糅合在一起，但他最初对理性的启蒙经验的追求，清楚地反映在对解脱人类苦难和重负的解释之中，集中体现在"四集谛"和"八正道"里面。释迦牟尼留给人类的最宝贵的精神遗产，是以"八正道"为做人行为准则。他认为一个领悟了生命真谛、摆脱了轮回之宿命的人，必须做到以下八条，即所谓"八正道"——正见、正思维、正语、正命、正精进、正念、正定、正业。

从字面意义解读，释迦牟尼的学说看起来是否定性的和令人消极的，但其目的却是给人带来安慰和鼓励。他坚信痛苦的根源是欲望，所追求的目标不可能达到，因为对物质的追求是短暂和虚幻的。由于自我的概念是虚幻的，因此所有欲望中最令人有挫折感的是对自我满足和自我提高的渴望。在释迦牟尼看来，通往内心宁静和幸福的道路是将个人的能量向外释放；个人主义者追求的是阴影，而利他主义者才可能找到光明。大公无私不仅展现的是一个抽象的概念，而且它还是一个提供有益服务、避免伤害他人的积极规定。可以看到，佛陀为人类的精神世界开辟了一条新道路。但现实是严酷的，佛法的兴替还是要受到王法的制约，唯有倾心向佛的帝王才能将佛陀的思想弘扬于世界，那么这时，阿育王作为佛教史上的护法圣王应运而生。

第2节　放下屠刀，立地成佛

关于阿育王的事迹，碑文是第一手资料，此外综合锡兰流传的《岛史》《大史》，以及北传的《阿育王传》《阿育王经》等版本，大致可以对阿育王的生平勾画出如下故事：阿育王的成长是与同父异母的哥哥苏西马太子进行王位争夺中开始的。他开始处于劣势，在母亲的敦促下逃离了自己的祖国，隐名埋姓、流浪民间。途中他遇见了美丽的羯陵迦国公主考瓦基，两人迅速坠入爱河并结婚。不久，阿育王得知母亲病重，便辞别公主归国。回到皇宫因一系列的阴差阳错的事件，他误以为考瓦基公主已死于非命。阿育王子十分伤心，便续娶了他人为妻。在后来的宫廷内部权力斗争中，阿育王性情大变，他击败了苏西马太子并血洗皇城，并滥杀许多无辜，人称"邪恶的阿育王"。之后，阿育王率军迅速吞并周边国家，于公元前261年发动了征服邻国羯陵迦的战争。而羯陵迦王国在考瓦基公主的带领下决心殊死抵抗。血战中考瓦基身负重伤，羯陵迦战败。在巡视战场时，阿育王意外地遇见了受伤的考瓦基公主，她冷冷地称他为"魔鬼阿育王"，并挥剑欲与阿育王拼命。被深深震惊的阿育王竟下跪在考瓦基的脚下请求宽恕，终于考瓦基心软了，并饶恕了丈夫，但终因伤重而死在阿育王怀中。而就在阿育王万分悲痛之际，佛门高僧尼瞿陀向他诵读佛经予以教化。阿育王听后大为感动，对前半生的屠戮行为幡然悔悟，所谓的"放下屠刀，立地成佛"特指这件事。

上述传说的细节是否与史实相符并不重要，重要的是阿育王在经过血腥的战争后幡然悔悟、皈依佛教的人性升华过程，"以佛法代王法"标志着治理社会的律法从王道史层面走向信仰史层面的深刻转变；这里所指的佛法，乃释迦牟尼所言的生命真理，而非此前历代帝王所奉行的"胜王败寇、弱肉强食"的原则。

公元前260年春天，已皈依佛教的阿育王在全国各地颁发敕令，宣扬佛法。他在发布的铭文中陈述了战争的悲惨结果："15万人被从他们的家中强制带走，10万人死于战场，还有许多人随后死去。"阿育王接着沉痛地宣称："即便羯陵迦人民中只有千分之一的人受到谋害、杀戮或绑架，现在也会被认为是'诸神的钟爱'的巨大损失。"从此，阿育王作为佛教的俗家弟子朝拜了印度所有的佛教圣地，长达256天。在返回华氏城的途中，他举办了一次盛大的佛教庆典。三年后，阿育王派遣了18位传道师前往世界各地传播佛教。次年，他开始建寺塔柱于四方，矫正僧风、刷新梵刹。公元前258年，阿育王以护法王的身份在首都华氏城主持了佛教僧团的第三次结集，时值释迦牟尼入灭之后226年。阿育王提出，以国师目犍连子帝须为上座，对第一次结集的《阿含经》重新会诵整理，以消除外道掺进的邪说，这就是佛教史上著名的"华氏城结集"。会后，目犍连子帝须撰写了《论事》一书，所谓"论事"就是议题，把各派不同的论点列举出来，勘定是非。这是佛教史上的第一部论著，也是研究部派佛教的重要经典。

作为信仰事功的辅助，阿育王还做了一系列善事：在全国各地组建掘井队，制订和落实庞大的植树绿化计划，修建大量医院、公园和药圃园，设立专门机构保护和管理土著及隶属民，给佛教团体提供巨额资助，鼓励他们更好地整理、研究和批判收集到的经文，因为自释迦牟尼传下来的纯粹而简洁的教义，在当时已经附带了很多附会和传说的色彩了。

第3节　华氏城结集与世界传道

在上述诸事项中，最具重大意义的事情莫过于阿育王弘法并向世界各地派遣传道师传播佛教了。向世界传道，是在全国各地建立石柱法敕的延续。这里的"法"，相较古巴比伦著名的《汉穆拉比法典》有着本质区别。《汉穆拉比法典》的"社会公正"观念，是建立在"以眼还眼、以牙还牙"基础之上；而阿育王所弘扬的"法"，是根据佛教"众生平等"而来，弘扬的是护生、宽容、真实、忍耐、济苦等道德观。它标志着人类精神首次完成了一次决定性的转换，而成为一种具有普世价值的生命真理。

对于生命的尊重，在阿育王的信仰里面占有首要位置。在所有的"法敕"中，阿育王一再诫勉尊重生命；即使非杀生不可，也禁止杀怀孕、哺乳期的动物。与之并行的举措是建立人畜的医院，栽植药草，掘井，建公共设施、供水站等，增进人畜的安乐。为了贯彻这一点，阿育王本人停止狩猎等娱乐，改为法的巡行，拜访宗教大师，给予布施（财施）、接见人民、教诫正法（法施），并视这种法的巡行为无上快乐。"法敕"中说，没有比法的布施、因法而生的亲善、法的分享还殊胜的布施了；并且说，由于法的布施，现世得好报，而且来世也产生无限的功德。在尊重布施的同时，以"少耗费、少积聚"为原则，以免滋生贪欲。

阿育王对佛法的亲自阐述也十分重要。他坚定地认为法就是善，法的定义是烦恼少、善行多，是悲悯与布施、真实、清净的行为。他并且警告说，即使是布施，如果欠缺了自制、报恩、坚固的诚信，还是属于卑贱层次，而且会导致狂恶、不仁、愤怒、傲慢、嫉妒等烦恼。阿育王还进一步阐述了使善法增长的两种方法：第一条是"法的规定"，第二条是"法的静观"。"法的规定"指阿育王所颁布的"规则"，尤其是禁止杀害一切生命的规则；"法的静观"则是指经静默地思考法规，以更深刻理解不杀生规则的意义。所以，阿育王即使对于已经判死刑的囚犯也准赦3天。"法敕"中记载：阿育王即位26年期间，共释放犯人25次。这种赦免是出于下述的理论：王法的本质，就是使人自觉到生命本质的可贵，进而自然引发为慈爱、布施、真实、清净、顺从父母、正确地待人处事以及回馈社会等。

虽然阿育王皈依佛教，但仍然平等对待其他宗教，这是因为他的"法"来源于佛教，而佛法是以宽容为本。他的《摩崖法敕》第十二章说："王布施、供养出家与在家的一切宗派。"第七章同样也叙述："愿一切宗教师随处而住。"接着在石柱法敕第七章提到他分别任命了处理佛教僧伽以及婆罗门、邪命外道、耆那教等各个教派事务的教法大官。碑文中明白指出，王平等对待一切宗教，但是特别皈依佛教。关于佛塔，碑文只说到建拘那含佛塔，但根据《阿育王经》等记载，则说阿育王为供养佛舍利，建造84000座宝塔，饶益多人；而由于受到其他高僧的劝导，阿育王还参访了蓝毗尼、鹿野苑、菩提伽耶、拘舍罗等佛迹，并分别建塔。

一个更具有文化意义的事情是在公元前258年，阿育王派遣18名传道师前往世界各地弘扬佛法。传道高僧的足迹遍及整个印度次大陆及希腊、埃及、叙利亚、马其顿、缅甸、柬埔寨、斯里兰卡。

其中，末阐提进入迦湿弥罗国和犍陀罗国传道收获颇丰，据传在宣讲《上座譬喻经》之后，龙族首领被佛法感动，皈依正法；同时，有信奉者8万，剃度为僧者不胜枚举。另一路传道师是摩珂勒岂多，他在巴克特里亚的希腊王国传道极为成功，此地原是波斯帝国的东方行省，为祆教的大本营。摩珂勒岂多去宣教的时间，正是巴克特里亚太守狄奥多托斯宣布脱离塞琉古王朝而独立，建立了以狄奥多托斯一世为纪元的巴克特里亚希腊王国的转折时期。据说，传道师摩珂勒岂多以真诚的信仰和无畏的勇气一次次走上论法道场，赤手空拳地与祆教僧侣进行论辩，赢得听众的欢呼，最后大获成功，共得17万信徒，1万余人在宣讲过程中当场剃度为僧，以至于当时的巴克特里亚国王也被传道师所讲佛法感动，开始驱逐祆教，转而扶植佛教。最为成功的传法是在印度的南方与斯里兰卡。阿育王的儿子马亨达到狮子国（即斯里兰卡）亲临教化，获得举国皈依。后来正是经由南方，佛教传到了东南亚。

记录了以上这一伟大事件的物证，仍是阿育王石柱法敕。《阿育王石柱第13敕令》的开头，以一种大无畏的激昂语调写道："王惟正法之胜利，为最上之胜利……"随后列举了佛法传到的邻国的国王的名字，如：希腊王安提匿斯、埃及王托勒密二世、马其顿王安提阿斯·盖那特斯等。无怪乎英国学者威·史密斯认为：阿育王于公元前3世纪中叶派传道师往世界各地传道，是人文史上第一重要的事实，同时也是有史以来所有传道事业中效果最丰伟的事例。

　　阿育王的弘法事业是人类宏大的宗教传播进程中的一个缩影。在这事之后又有无数舍身求法、无畏传道的僧人踽踽而行在荆棘蔓生的大地上，无论是使徒的传道、摩尼的传道，还是朱士行、法显、玄奘、义净的求法，其核心都与阿育王的弘法精神相通。他们都是力求将更为普世的悲悯博爱情怀散布于世间，鼎力达成人类灵魂的升华。

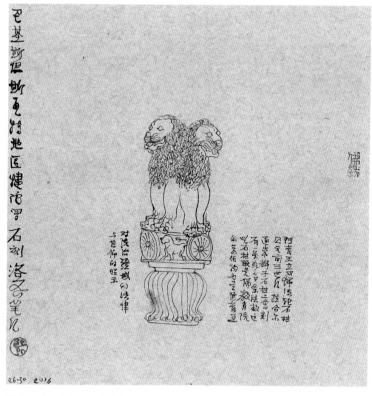

阿育王石柱法敕（洛齐绘）

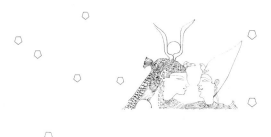

本章启示：

阿育王修行弘法方式与儒道两家传播教化有何异同？

无论是佛学还是儒道，它们皆属于轴心时代东方精神文化高峰。相较之下，中国儒道思想是从天地宇宙、家国情怀演绎而出，具人文主义的基质；佛教思想则是从人生苦难和灵魂拯救意识出发，更加具有普世性。因此佛教思想是天下广为传播，儒道思想则是在中土大地弘扬。

第七章

释利房与法门寺

第七章　释利房与法门寺

　　据史载传说，释利房作为阿育王派往中国的传道师，是最早将佛舍利带入中国的佛门高僧，遍布中土大地的18座阿育王塔是其见证。佛舍利开创了人类信仰史上的"圣骨崇拜"时代，后来也成为世界各大宗教信仰的突出表征。不过目前学术界普遍的观点是，佛教传入中国的最早时间在两汉之际，所以释利房的故事只能作为佛教的传说来看，以下所论也是从信仰史的角度进行分析。

第1节　释利房传奇

　　中国陕西省宝鸡市的扶风县有这样一座寺院，它经历了近2000年的风霜，见证了中国王朝兴起和政权更迭，兀自岿然不动。这就是著名的法门寺。

　　更为令人称奇的事情还在后面。1987年4月3日，在已倒塌的法门寺佛塔的施工现场，人们意外发现了一个洞口，当手电光划过洞内密室时，其中文物宝藏清晰可见。就这样，一个震惊世界的考古事件由此开篇，这就是法门寺地宫重现。随着地宫缓慢的发掘，一件件稀世珍宝映入人们眼帘，其中不乏金银器、香具、琉璃器、瓷器以及精致的丝织品，但其中最为夺人眼球的发现非释迦牟尼指骨舍利莫属。这

法门寺出土的鎏金双蜂团花纹银香囊

一枚2500年前的圣骨重现天日，无疑为法门寺增添了更加神圣的因素，也是普天下佛教徒的心愿。那么，这一枚小小的佛指骨舍利是如何跨越时空，历经千年的兵荒马乱，辗转数万里来到中国的？这其中充满了惊人的传奇。

我们穿越时空返回秦朝。故事主人公的名字叫做释利房。历史上关于释利房的资料记载在《释氏资鉴》中，其中这样记述：约在公元前3世纪中叶，西域高僧释利房等一行18人带着佛祖释迦牟尼的舍利，来到中国弘扬佛法。他们一行人先到达了陕西古周原的美阳城附近。一天夜里，释利房忽然看见一个周身透亮的长者缓步而来，竟是尊者释迦牟尼。他五体投地，向其顶礼膜拜。众人闻风围观过来，却并未见到释迦牟尼，只是看到了在释利房面前隆起一座高高的土丘。于是众人认为这是神意的体现，便商定将佛舍利埋入土丘，而这个埋藏佛舍利的地点就是后来法门寺的建立处所。

之后，释利房等人进入秦国国都咸阳，据说相国吕不韦接待了释利房。当时的秦国崇尚法家思想，当然容不得释利房一行人要传播的义理，认为他们宣扬佛法的行为是"惑乱民心，毁我大秦"，遂将释利房等人关入牢房。在关押期间的某天，狱中忽见周身闪耀着金光的神人，他砸碎牢狱而将释利房等人解救出来，随后不知去向。

这件事的来龙去脉似乎掺杂着不少荒诞离奇的色彩，但我们仍然能够通过行文的蛛丝马迹体会到当时中印两国文化交流间的脉动，并感受到佛教圣物——佛舍利对维持信仰传播的意义。如果从时间的维度来考量，可推算出这个故事发生在中国秦朝时期，与印度孔雀王朝基本属同一时期。上一章提到这时的印度正处于佛教护明王阿育王的统治期间，他在笃信佛教之后在全国各地兴建佛教建筑，据说总共建造了84000座奉祀佛骨的舍利塔。为了纯洁佛教内部、消除佛教不同教派的争议，他邀请著名高僧目犍连子帝须长老在华氏城举行结集，同时还派出许多高僧外出传教。相传在斯里兰卡、缅甸甚至叙利亚、雅典、埃及等地都有他们传道的踪迹。

故事的主人公释利房正是阿育王派往东方传教的传道师之一，由于过于久远，其真实性无从考证，但其中所蕴含的道理，即精神文化的传播对王道政治的超越，却历历在目，即便是威严如阿育王和秦始皇之类的一代君王，也要屈从在信仰力量之下；并且，通过这个故事，我们可以推测佛教进入中国的路线。学术界普遍的观点是佛教由北印度经阿富汗至中亚，再经由西域、河西走廊传至中原腹地的，其间经历了漫长曲折的过程。传播的途径可参照季羡林先生的简易公式：印度—大夏（大月氏）—中国。

第2节　法门寺与阿育王塔

佛舍利，就是佛祖释迦牟尼的真身经过火化之后得到的五彩结晶体。据记载，释迦牟尼去世后，遗体在古印度的拘尸那城火化，其弟子在灰烬中，发现了一些奇异的彩色颗粒，这便是传说中的佛舍利。在前面我们已经提到释利房在美原埋藏佛陀舍利，以及后来在此兴修佛塔的故事，但美丽的传说终究要让位于严谨的史料。法门寺的确是因为佛舍利的传入中国而修建，但其修建的时间为东汉末年。最初的佛塔为木质结构，后毁于魏晋时期的兵火。西魏时期重筑佛塔，并成为远近闻名的佛教圣地。进入李唐时代之后，唐朝皇室大力供养该寺，并频繁举行佛骨舍利的迎请仪式，法门寺地宫就是在唐僖宗最后一次迎请佛骨舍利之后永久封闭的。明朝隆庆年间，因地震原因佛塔坍塌，于是当地政府又在原来基址上新修砖塔。直到1981年佛塔再次倒塌，地宫得以重现天日。

由于佛教早期传入中国的物证缺失，已经无法考证法门寺的这枚佛指骨舍利究竟是何时且由谁带入中国，但史料的缺失并不影响这枚佛舍利的价值。它的再次发现激发了善男信女们内心中对佛陀精神的崇拜。法门寺佛舍利平日供人瞻仰，也曾多次出国巡回，接受来自世界各国的佛教信徒的膜拜。千百年过去了，无数王朝建立了伟大功业，但"其兴也勃焉，其亡也忽焉"，这些帝国或开疆万里，或雄踞一方，但皆已化为尘泥。唯有信仰史中所绽放的伟大精神思想依旧持久地感染着芸芸众生。当人们在观看佛舍利时，仿佛可以感受到低垂双目的佛祖近身教诲时的禅定手势，如汩汩泉水般的谆谆教导似乎近在耳旁。

第3节　圣骨崇拜——世界性宗教信仰标志

如果站在一个更为广阔的视角可以发现，佛舍利圣骨崇拜作为一种文化现象，并不只是佛教当中特有的现象，它广泛分布在从原始信仰到高级信仰之中，因为它基于人类对于生死感知的本能，只是在发展过程中经历了从初级到高级、从原始到文明的不同阶段。在人类的懵懂时期，就有对遗体珍视的风俗习惯。如广泛存在于东亚的二次葬的墓葬形式，人们在亲属死后将其遗体埋入土中，待三五年尸身彻底腐烂后将其白骨取出，加以仪式重新安葬。在《墨子·节葬》中，记载了百越地区的二次葬习俗——"楚之南有啖人国者，其亲戚死，朽其肉而弃之，然后埋其骨，乃成为孝子"，这种对尸身特殊处理方式是原始社会时期人们赋予尸骨神秘价值的观念体现。在古埃及是将法老的遗体制作成木乃伊，以祈求最伟大的神——法老能够在冥神奥西里斯的国度中永生。而生活在南美洲阿塔卡马沙漠的新克罗人则在7000年前就掌握了制作干尸的技术，用以安抚逝者孤寂的灵魂。可以说，对遗骸的崇拜广泛地分布在人类的各个族群当中。以上可以大致归于原始尸身的纪念崇拜，而佛舍利的圣骨崇拜则将其提升到了一个前所未有的高度。通过借用琐罗亚斯德教"火"的理念，经由"坐化"——火与肉的交融而达成"浴火重生"，其物质结果就是骨殖在烈焰中变成彩色的结晶体。这一过程彰显了佛教信仰体系对于个体精神高度与生命意志强度的执握。

在古代的东方世界——从地中海周边到中亚、远东的广袤地区，佛教的圣骨崇拜理念自东向西深刻影响了地中海文明域并完成了转化。据记载，当时来自印度的佛教高僧在巴比伦和雅典街头开设道场，与当地的哲学家、雄辩家进行辩论，最后以当场坐化、现场得到舍利子来作为"正道"的见证。此举在当时的地中海世界掀起一场精神风暴，从琐罗亚斯德教、米特拉教到基督教、摩尼教，无不受其影响，直到伊斯兰教兴起之时方才告一段落。当基督教在巴勒斯坦—约旦河谷酝酿期间，对使徒、圣徒遗骸的供奉崇拜，就已成为信仰与传道最坚强的基础。彼得的名言"上帝是一座坚固的城堡"，最后在圣彼得大教堂的圣骨银盒之中完成了历史使命。

公元2世纪的教父时代，《士麦那教会致周围居民书》中将殉教士波利卡普看作是"主的学生和模仿者"，并将其受难日作为来世生命新生的日子加以纪念。3世纪中叶，新凯撒利亚的格里高利在自己的教区制定了殉教士及其圣骨的纪念日，并将圣骨分发给各地，以便信徒在纪念日举行礼拜仪式。公元269年教皇菲利克斯一世宣布，根据古老的传统，礼拜仪式只能在殉教士的圣骨上举行，同时信奉东正教的东部的教会也服从了这一命令。这里所说的"古老的传统"，可以追溯到上文提及的佛教圣骨崇拜传统，该传统在基督教中又得到了进一步的强化与升华。从那时起，基督徒们利用各种方式获取殉道者的遗骸，并在其坟墓上举行礼拜仪式，继而修建教堂。最著名的大教堂地基中都埋藏有圣骨遗骸，而且以此来排序。例如，耶路撒冷的圣墓教堂因埋藏有耶稣的骨骸被列为第一朝圣目的地，罗马的圣彼得大教堂因埋藏有彼得的骨骸被列为第二朝圣目的地，圣地亚哥的圣地亚哥大教堂因埋藏有雅各的骨骸被列为第三朝圣目的地。

　　公元5世纪初的迦太基宗教会议上首次提出了圣骨崇拜的议题，经过讨论，会议明确规定了"因为一些人的梦境和虚幻的启示"而修建的纪念殉教士的祭坛，"如果其下没有殉教士的肉身或者部分圣骨"，应该予以摧毁。公元787年举行的第七次大公会议最终确立了圣骨崇拜传统的仪轨，规定禁止修建没有圣骨的教堂，决议中写道："我们的救主基督赋予了我们拯救的源泉——向应得之人流溢出各种各样恩典的圣徒的遗骸。而这是借由居住于他们（遗骸）之中的基督。因此，如有胆大妄为之人否定殉教士的圣骨，如果是主教，将之驱逐；如果是修士，则切断与其联系。"从此，圣骨崇敬的仪轨正式成为基督教世界——不论是东正教教会或是天主教教会传统中一个不可或缺的组成部分。

　　另外，基督教信仰中圣骨崇拜传统的另一个衍变体是圣杯崇拜的传统，这是北方蛮族民族文化相互融合的表征。《圣经》中有这样记载：耶稣在与门徒进餐的时候桌上空无一物，于是耶稣用自己的身体变成饼，用自己的血变成酒，供大家食用。基督教的圣餐仪式由此奠定。在此，杯代表耶稣的身体，酒则代表他的血。对圣杯最传统的解释，是在耶稣受难时用来盛放耶稣鲜血的圣餐杯。人们相信，如果能找到这个圣杯并喝下盛过的水，就将返老还童且永生，这个传说成为许多文学、诗歌、戏剧的素材。如在亚瑟王传奇中，亚瑟王终其一生的最大目标就是找到这个圣杯。"圣杯骑士"的传奇一直延续到意大利文艺复兴时期。即使进入现代社会，它仍然没有失去魅力，当下许多影视、舞台剧、主题公园以及网络电游作品都以此为创作题材。

传说的圣杯

《圣经》中关于圣杯的具体描述如下。《哥林多前书》[1]中说道:"这杯是用我的血所立的新约。你们每逢喝的时候,要如此行,为的是纪念我。"在《马可福音》[2]中记载"耶稣又拿起杯来,祝谢了,递给他们,他们都喝了。耶稣说:'这是我立(新)约的血,为多人流出来的。'"像以上这样关于以圣杯和其中的酒水来比喻圣体的事例还有很多。

如今,人们大概永远也不会知道基督曾用过的圣杯的真实模样,尽管后人经过想象与发挥,设计出了各种造型的杯子,并认为它们具有神圣性。但不可否认,这些后世的仿造品在一定程度上奠定了西方神话与浪漫主义创作的基础。如今圣杯传说依旧引人入胜,它已成为西方文化的一个组成部分。寻找圣杯的意义不在于发现这物品本身,而是对于神圣事物的整个追求过程;同时还要挖掘圣杯传说背后的历史文化学意义,追溯它的启迪渊源,以及它与东方古代精神文化的联系。

---

[1]《哥林多前书》(Corinthians,拉丁文"Corinth",英文"Corins"),又译《格林多前书》,全名是《保罗(保禄)达哥林多人前书》,是保罗(保禄)为哥林多教会所写的书信。
[2]《马可福音》是《圣经》"新约"的一卷,该卷共16章,记载了耶稣的一生,说明耶稣是顺命至死的仆人。

在基督教中，不光是耶稣的圣骨有人崇敬，普通教徒和信众的遗骸也受到世人敬拜。例如，在位于捷克的一个叫霍拉小镇上有一座"人骨教堂"，它本身是一座教堂，但是由于其独特的建筑装饰风格而成为著名的观光景点。它虽然外表普通，但内部装饰却是用人骨做成的。这里的天花板、墙壁上尽是用人骨做成的装饰品，据统计，这些饰品大约用掉了10000具尸体。教堂入口处有用120多块人骨做成的蜡台，天花板上铺的是四肢骨，墙壁上的花毯也用人骨作为装饰图案，神坛由不同大小的人骨堆砌而成并由肋骨镶嵌。在这里四处可见的十字架、王冠、垂带等均由各部位的骨头拼凑而成。这个教堂看起来让人毛骨悚然，但却同样承载着宣扬上帝教导的使命。相传在13世纪，当地有位传教士只身赴耶路撒冷朝圣，他捧回了一袋圣土在该地区修道院周围的墓地上。圣土的力量是无穷的，因而被奉为神迹，周边贵族乡绅将这里视作福地甚至是通向天国的阶梯，死后纷纷选择这里作为埋葬地。于是，修道院成了风水宝地，墓地越建越大。14世纪的黑死病和15世纪的胡斯宗教战争造成了大量人口死亡，使得墓地"人满为患"。于是，16世纪时便有教士开始把骸骨搬进教堂，并堆成金字塔状。由于骸骨实在太多，后来有人索性把骨头充当装饰素材，造就了人骨教堂。一些神学家认为，天主教视死亡为神圣之事，死后将尸身献给上帝，象征无上的赞美。在这个层面上来说，即使普通教众的遗骸，在受到神圣光照之后，依然可以得到后人的追思与怀念，化腐朽为神奇。

与此形成对照，中原汉地也有塑造肉身菩萨的传统。肉身菩萨也称"肉身舍利"，是佛教高僧大德圆寂后，其身体经久不腐，且保持生前栩栩如生的状态。其中最为著名的是位于南华寺的禅宗六祖慧能的真身像。该像在传说中已历经千年，神态安详静穆，一副禅定状态，千年来供善男信女们顶礼膜拜。当然，这些肉身菩萨的塑像中有许多是后人仿制的赝品，用以增加寺院的权威与功德；但即使是这种行为，也表达了人们对高僧大德的追思，以此拉近芸芸众生与精神导师之间的距离，以使人们坚定地信仰、更好地生活，这也是一种价值。

以上所说的诸多如佛舍利、圣杯传说、基督教圣骨崇拜以及圣徒遗骸装饰等事例，只是人类信仰崇拜行为中的一小部分。"圣骨崇拜"的意义在于充满其中的精神感召和道德训诫的力量，能够激励信徒效仿圣人的榜样永远前进。从视听觉效果来讲，当活着的崇拜者面对圣骨——神圣的遗骸时，很容易让他们回想起圣人高尚完满的一生，再加上吟咏、音乐、雕像、壁画，以及仪轨与服饰，人们眼前立刻便呈现出一条充满光亮的宽广道路，这条道路便是信仰之路。

本章启示:

圣骨崇拜在宗教信仰的传播中起到过哪些作用?

通过圣骨崇拜,潜质优秀的民族完成了向人类高级文明的转换。以可触摸的方式,直击来自同类又高于同类的生命骨殖,以获得灵魂的升华,这在文明早期是非常不易的。阿育王创造性地设想出破解不易的主意:以佛塔下的佛骨舍利为地下物证,以法敕石柱为地上见证,来启迪人们的生命觉悟;这种上下呼应的垂直物证链凸显了一个伟大的理念:"放下屠刀,立地成佛",从而一举扭转了自古以来"胜王败寇""弱肉强食"的丛林法则。

第八章

学术之都——塔克西拉

Enlightment of Silk Road Civilization

第八章　学术之都——塔克西拉

　　这座城在历史文献中被称为塔克沙、坦叉始罗、迦毕试、罽宾等，而它的希腊名字则叫做"塔克西拉"。在这座东方古代学术之都中曾留下许多历史名人的踪迹，如婆罗门教与耆那教的高僧大德、释迦牟尼、亚历山大、安比王、月护大王、阿育王、法显、玄奘等。它历经2500年，承载了希腊、波斯、印度和中华文明，为人类文明知识体系的研究、保存与传播作出了重要贡献。

第1节　塔克西拉与华氏城

　　前面的章节中曾对亚历山大城的意义进行了相关阐述，它们从地中海沿岸一直延伸到中亚和印度，在巴克特里亚—犍陀罗地区形成了一个伟大的停顿。亚历山大城系列作为承载希腊文化记忆的基本物质载体，它的建筑形态、功能布局、公共空间、造型线条以及其中的雕塑作品，书写了希腊文化与中亚、远东文化相互交融的历史篇章，并为出现更高级的学术而做了铺垫。正是在这里，方才产生了轴心时代东方古代文明碰撞的结晶——佛像。

　　本章节所讲述的塔克西拉城与亚历山大城一样伟大。"塔克西拉"的名字之所以熠熠发光，是因为它涵盖了丝绸之路的地理学、历史学、文化学与宗教学，尤其是在佛像发生史上的重要性，使其成为一座永恒的不朽之城。这是一座有着2500年历史的古城，是唐玄奘西游取经的最后一站——中国脍炙人口的《西游记》中"西天"的原型。玄奘在

塔克西拉遗址 铅笔淡彩 2014 年 李阳

《大唐西域记》[1]中曾如此描述塔克西拉："地称沃壤，稼穑殷盛，泉流多，花果茂。气序和畅，风俗轻勇，崇敬三宝。"根据史料记载，佛祖释迦牟尼、亚历山大、月护大王、阿育王都曾来过这里；释迦牟尼带来了菩萨道美德和慈悲情怀，亚历山大贡献了希腊的数理逻辑和艺术形式，月护大王在这里树立了建立霸业的雄心，而阿育王则展示了尊崇佛法的虔敬和传道的热忱。这些遗产最后被巴克特里亚的希腊人和贵霜帝国的佛教徒们发扬光大，并导致犍陀罗佛像的诞生。

从词源学角度来看，"塔克西拉"是由源于梵语的"塔克沙""西拉"两个词组合而成，"塔克沙"其字面意思是砍或劈，"西拉"则意为岩石或山。但自古以来当地人并没有将其意引申为开山凿石，而是解释为"断首"，意为佛陀为了天下生灵的福祉而自愿献身。这一说法在古代中国佛教高僧法显、宋云、玄奘的记述中得到印证。法显记载："自此东行七日，有国名竺（zhú）刹尸罗（塔克西拉）。竺刹尸罗，汉语截头也。佛为菩萨时，于此处以头施人，故因以为名。"玄奘记述道："斯胜地也，是如来在昔修菩萨行，为大国王，号游达罗钵剌婆，志求菩萨，断头惠施。"对此，著名印度史学者亚历山大·甘宁汉给予如下恰切的总结：从中国佛教高僧的这些记载中，我们可以看到，塔克西拉是佛教中最富美德的功行的发生地，引起了所有佛教徒的兴趣。这个传说的起源，也许应该追溯其命名的源头，因为Taksha-sila（塔克

---

[1]《大唐西域记》，地理史籍，又称《西域记》，12卷。玄奘述，辩机撰文。本书系玄奘奉唐太宗敕命而著，贞观二十年（646）成书。书中综述了贞观元年（一说贞观三年）至贞观十九年玄奘西行之见闻。记述了玄奘所亲历的110个及得之传闻的28个城邦、地区、国家之概况，有疆域、气候、山川、风土、人情、语言、宗教、佛寺以及大量的历史传说、神话故事等。为研究中古时期中亚、南亚诸国的历史、地理、宗教、文化和中西交通的珍贵资料，也是研究佛教史学、佛教遗迹的重要文献。

沙—西拉）意为"断裂的岩石"，但经过一个小小的变异，将"i"改为"r"，意思就变为了"断头"。也许名称源于传说，也许传说被发明出来用以解释名称。在这里，我们几乎可以肯定地认为，后者更符合这一过程，因为早在佛教凭借创始阶段时佛祖释迦牟尼的德行在这一地区流传开来之前，希腊人已经采用了这一名称最初的拼写方式。不管如何，塔克沙——西拉最后改为了希腊文的拼法"塔克西拉"，标志着本土语言被融入希腊形式，这一过程本身就具有丰富的象征意义。

公元前4世纪，塔克西拉迎来了最为关键的转折时期，这便是亚历山大大帝进入这座城市，那是公元前326年的一个春天。编年史学家阿里安写道："从印度河开始，最后亚历山大到达塔克西拉——一座巨大而繁华的城市，实际上，它也确实是印度河与海达斯佩斯河之间的最大城市。该城的统治者塔克西勒斯友好地接待了他。"这位塔克西勒斯就是古印度著名的安比王。双方的会见友好而富有象征意义，但一开始却有一些小小的误会：当马其顿军的前哨看到安比王派出的穿着全副校检服装的军队和披铠甲的大象队时有些紧张，飞报给亚历山大，希腊人随即迅速部署了步兵和骑兵的作战阵容。安比王发现有误会，便单独策马前来会见亚历山大。翻译使两人很快弄清了原委，结果出人意料，安比王答应做臣服于亚历山大的总督并提供他今后作战的后勤补给，双方交换了丰厚的礼物。这是亚历山大在印度第一次在没有战火的情况下和平进入一座著名城市，它象征着世界上两个最富于原创性和想象力的古代文明，即将展开人类历史上的重大交流，同时也显示了塔克西拉在东西方文化交流史中的地位和价值。

第2节　伟大学府之荟萃

在亚历山大踏入塔克西拉的57年之后，随着马其顿帝国的崩解，阿育王被父王宾头沙罗任命为塔克西拉的总督，并成功镇压了发生在此地的一次叛乱，这是公元前269年。9年之后，皈依了佛教的阿育王在塔克西拉设立佛教大学。阿育王在塔克西拉设立大学并非首创，据文献记载，塔克西拉作为一个著名的学府之城的历史可以追溯到公元前7世纪，那时，塔克西拉便有了世界上首座大学，略早于中国春秋时代的"稷下学宫"，来自希腊和波斯的哲学家在这里开课授徒，还有许多专家在此教授军事、法律、医学、政治、文学、宗教、礼仪……当然，学生们无一例外都是王室贵族子弟，他们学习的目的是掌握治理国家的本领。当年乔达摩·悉达多太子也被他的父亲净饭王送来学习，但他拒绝了这一古已有之、天经地义的成长模式，而自愿探寻一条另外的人生之路。

历史学家曾对这座学府之城做了这样的描述："塔克西拉城是学习和教育的中心、文化和商业的中心。佛陀时期，塔克西拉的名声传遍了整个北帕塔地区。摩羯陀国的学子们不远万里，穿过印度北部的广阔地区到塔克西拉来上大学，婆罗门和刹帝利种姓以及来自王舍城、迦尸国、乔萨罗及其他地方的学子，都前往塔克西拉去学习吠陀经以及18种科学知识和艺术。贝纳勒斯国王的大法官之子精通箭术和军事科学，当他从塔克西拉学成归国后，被任命为贝纳勒斯的总司令官。吉瓦卡，一位著名医师，治好了佛陀的病，他也是在塔克西拉学的医术，当他回国后立即被任命为摩羯陀国的太医。乔萨罗的开明君主波斯匿王，则是塔克西拉伟大教育成就的另一个范例，他与佛陀时期的多起重大历史事件有着密切关联。古代的两位杰出的谋略家帕尼尼和考底利亚，也是在塔克西拉的学术传统中成长起来的。"

　　如果从学术规范体制的角度来审视，塔克西拉并非完全正规的大学，而只是由一批知名教师管理、维持和主持的学院集合体。办学资金的一部分来自当地人民的捐款，一部分则靠富裕学生的学费和捐献。常规学院以高等教育为主，只招收16岁以上的学生，出身王公贵族的学子则有专门的学院。这里还有其他学院，分别教授政治经济学、法律、艺术、人类学、自然科学，以及箭术、狩猎、驯象等。学生们在这些学院完成各门课程的学习后，还需前往很远的地方去接受实际训练，以提高个人的实践技能。可以看出，无论从哪一方面来看，塔克西拉学府都是

巴克特里亚阿姆河宝藏中的狮形格里芬金属浮雕

一所堪称与古希腊雅典学园媲美的世界性学府；塔克西拉也正是凭借在教育史上赢得的声望，方才逐渐发展成为一个世界性的城市，即使公元前516年塔克西拉被并入波斯帝国，也没有改变这里的学术地位。

当孔雀王朝开始衰落之时，巴克特里亚的希腊人接踵而来，他们对塔克西拉的犍陀罗文化的形成，起了决定性的影响。这些希腊国王们在两条战线上奋力作战：一条战线是对抗塞琉古帝国——试图从其统治下独立出来；另一条战线是对抗孔雀王朝——意欲从它曾经威赫一时的庞大疆域中开辟出一片希腊文化热土，而这一文化热土在某种意义上是亚历山大帝国的延续。从公元前190年至公元前50年的100多年的时间里，这些希腊国王们与孔雀王朝的继承者们对峙，成功占领并继续营造塔克西拉，将亚历山大当年的梦想化为建筑与雕刻。

巴克特里亚希腊王国的存在历史，其文化学上的意义要远大于政治学上的意义，这就是它在遥远的东方世界传播和巩固希腊文化的地位。

第3节 城中之城——斯尔卡普

如果对塔克西拉进行一个航拍，可清晰地看到，这片10余平方公里的区域是由皮尔山丘、斯尔卡普和锡尔苏克三个城市遗址组成的。亚历山大的军队当年驻扎在皮尔山丘附近的一大块长方形的区域内，它后来被建成一座规划严谨的城市——这也是印度本土的第一座希腊式城市，被命名为斯尔卡普（Sirkap）。隆起的高地上建有希腊式神庙与竞技场，古典廊柱亭亭玉立，里面绘制有以亚历山大在印度取得胜利为主题的壁画。城区内路网格局方正有序，其主干道宽达10米，至今仍在使用；而城区以外的街道则弯曲狭窄，是典型的嘈杂纷攘的印度式旧城。这种泾渭分明的界线，至今仍能在拉瓦尔品第、伊斯兰堡、白沙瓦等城市中看到。

斯尔卡普具有一个鲜明的特征，充满"数理明晰"的希腊式卫城，它由巴克特里亚的希腊统治者德米特里始建。现在所见的遗址是公元40年左右帕提亚人重建的，这些对希腊文明心怀崇敬的游牧民族，有可能按自己的理解去建造，但我们仍能从现存石块与雕刻中读出一个湮没于考古层下的伟大传统，这是多种文明碰撞融合后出现的前所未有的崭新传统。

让我们仔细来看：斯尔卡普分上城与下城两个部分，上城即现名哈梯亚尔的山丘，著名的拘浪孥窣堵波遗迹至今尚存；下城南北长600多米，东西宽200多米，周围有厚4.6—6.6米的石砌防卫墙。城内街道纵横交错，内含直角规则，正中是一条宽9米左右的大街，这在今天也不能说它很窄。两侧的小巷把城市划分成26个街区，大街两旁是住宅、店铺、庙宇，大街东南端有一王宫遗址。下城有两座著名的建筑遗迹，第

双头鹰庙

一个是双头鹰庙和穹顶庙。双头鹰庙实际上是一座佛教的窣堵波,基坛台阶旁边的壁龛里有一尊双头鹰石雕。穹顶庙后部的平面呈圆形,其上部为穹顶,它实际上是一座室内的佛教窣堵波。第二个是金迪亚尔庙宇遗址,这座太阳神庙的布局与希腊神庙完全类同。它们传达了一个重要信息:希腊、波斯文化在这里与印度文化发生了完美融合,似乎印证了亚历山大"东西方文化联合体"的理想。这些文明交融的物证,不仅在斯尔卡普比比皆是,也见诸塔克西拉,甚至扩至阿富汗地区。在这广大地区中有许多希腊式寺庙遗址,能看到希腊的语言文字被频繁使用,因此希腊式佛像的流行是一个必然结果。这些出现在人们视野中的佛像不是一般意义上的偶像,而是一种高级的视觉文化转换,地中海的美学原则赋予东方的信仰以形象认知,两者经碰撞融合之后创造出某种典范,然后形成新的传统。

为了更深刻地说明上述这点,我们再简略扫描一下与斯尔卡普形成鼎立之势的另两个古城遗址:皮尔山丘与锡尔苏克。皮尔山丘是塔克西拉最古老的城市遗址,位于塔克西拉盆地西端的高地,方圆3公里多,保存的是公元前6世纪至公元前2世纪孔雀王朝时期的文明。遗址建筑杂乱无章,街道狭窄曲折,房屋由不规则毛石砌筑,几乎所有的住宅都有院子,使用渗井排放污水。许多学者认为皮尔山丘只是工匠们的聚居点。锡尔苏克为贵霜帝国统治时代——1世纪末至3世纪建造的都城。城址呈不规则长方形,长约1400米、宽约1100米,有城墙环绕。在城内和四郊有各类宗教遗迹,以佛教的为最多。重要的佛教遗迹有达磨拉吉卡和莫赫拉莫拉都,前者兼有佛塔及僧院,后者则以僧院为主。三个王朝的风格似乎形成三足鼎立之势,其中不乏混搭与融合,但其中的核心是希腊风格的斯尔卡普,它作为塔克西拉的灵魂,里面跳动着一个不灭的理想——亚历山大渴望的"东西方文化联合体"。

在塔克西拉三足鼎立的文化之中还有一个来自中国的片段插曲，这就是玄奘居室遗址。公元405年晋代高僧法显到达此地并居住了长达6年之久，不过当年遗迹已无存。玄奘追随法显于公元650年来到塔克西拉，在此讲经说法整整两年。如今，玄奘的居室和讲经堂遗址仍然保留——在离城堡不远处有一个单独的原是小王公住的院落。城堡另一头的山坡下，完整保留着一个石砌的台子，它是当年玄奘讲经处，被人们称为讲经台。讲经台分为上下两层，都是用泥砖砌造的。来人首先进入的是较为拥挤的底层，四面是好几个小小的打坐间，中央大厅是容纳多人的打坐台，打坐台上有许多外表残破的佛像雕刻。拾级上到第二层，中央是一个宽大的天井，听众可在其中席地而坐，周围是一圈听讲小间，属于层次较高的佛教徒。天井的一角有一个露顶房间，这是讲经者与听讲者用清水洗手的地方，另一端有一座高高的佛坛，这便是玄奘讲经所坐的莲花宝座。讲经堂的隔壁是僧人的厨房和餐厅，地下放一排方形的石墩便是僧人们吃饭的椅子，而石墩旁有一个用深色石头制成的小磨盘，传说玄奘曾用这个磨盘磨过豆腐。以上描述的格局看起来与中原汉地没有什么关系，但细心的读者不难发现，这一格局与西域佛教建筑的关联，于阗达玛沟小佛寺的紧凑精巧似乎与塔克西拉玄奘居室遗址暗合。这并非是要证明谁受谁的影响，而是说明一个问题：在前伊斯兰时期，古代东方文明交流融合的密切程度，往往超出了我们的想象。

综上所述，塔克西拉的文化特征逐渐凸显出来，它无可争议的是古代东方文明的一个伟大汇聚点。公元前326年，亚历山大与安比王在塔克西拉的历史性会见，使它从一个地域学府城一举提升至文明交融中心城市的层面。它就好比一座十字路口的宏大驿站，东往西来的高僧大德和使者商贾都在这里交汇分流；它也如同一个广阔的历史舞台，上演了长达500年的生命活剧，这一戏剧的主角便是皈依佛教的希腊艺术家及各族工匠，犍陀罗佛像则是这一宏大历史戏剧的见证。总之，亚历山大利用军事远征行动而努力建立"东西方文化联合体"的愿望，意外地成为"人类命运共同体"的最早实践版本，而这一实践的基础正是古代丝绸之路。

本章启示:

学术之都的形成需要哪些条件?

世界上学术之都的形成,需要有如下条件:首先有一个伟大精神的文化,以及与之匹配的发达文明;其次要有诸多相互刺激发展的学派;再有一批思想家与哲贤。如中国的稷下学宫与先秦诸子百家,印度的塔克西拉、华氏城与佛教、耆那教,两河流域的尼尼微、巴比伦与索罗亚斯德信仰与密特拉教,希腊的米利都学派与雅典学派,希伯来的摩西、先知文化与迦南之地、圣城耶路撒冷。这些精神文化与哲思理念形成了强大的凝聚力与辐射力,相互影响并共同构成人类文明的核心价值,即卡尔·雅思贝尔斯所说的轴心时代的思想文化高峰。

第九章

张骞凿空之旅

第九章　张骞凿空之旅

公元前139年，张骞主动揭榜为汉帝国出使西域，这是藏羌先民在青藏高原分道扬镳后，作为羌族后裔的汉人首次开启沿上古时代中华民族迁徙路的回溯之旅，具有深刻的历史意义；而现实意义则同样重大，因草原部落的挑战而激发起民族心气高涨，这种内在张力的上升轨迹一直延续到隋唐时期，至"安史之乱"戛然中止。

第1节　西域的特殊意义

西域的狭义阐释，是指中亚与中原汉地之间的地区，主要指新疆；西域的广义理解，可认为是中土汉语文化域以西的所有地区，一直延伸到地中海。"西域"在某种意义上代表着中华民族的溯源之路，因为在上古时代，中华先民就是从那里迁徙到中土的，无论是狭义的西域还是广义的西域皆如此，这个问题在前面的篇章中曾经讨论过。

大家对人类历史上四大文明古国耳熟能详，地处北非的埃及文明与两河流域的美索不达米亚文明，以及周边的一些文明体，基本上都围绕着地中海有机分布，经小亚细亚、西亚、中亚一直延续到远东，也就是从地中海一直延伸到西太平洋，这条路线被称为传统的丝绸之路。从地图学的视角来看当今中国所提出的"一带一路"倡议，实际上是古代世界文化版图的一个转换，从经度线，由东至西分别横亘着华夏文明、古印度文明、古巴比伦文明、古埃及文明；另外还有一种说法就是轴心时代东方五大思想文化高峰，依序是希伯来、希腊、波斯、印度、中国，其中印度与中国从古到今基本未变。那么希伯来、希腊、波斯与古巴比伦和古埃及文明是什么关系呢？中国文明与印度文明由于地理位置相对封闭稳定，所以时间跨度较长，把上古史和古代史都覆盖了。巴比伦文明和古埃及文明因为地理位置正处于交汇地带或交通十字路口，又常常处于人类文明的上古史和古代史交叉轮替的时间段，所以它们曾有很多剧烈的衍变；但是这两个文明从未轻易消失，而是转移到另外一种文明形态之中。

那么它们究竟变成了什么？希伯来、希腊、波斯这三个文明的历史变化，与民族迁徙有关。以古印度文明为例，它是由雅利安人三次入侵造成的，雅利安人在迁徙过程中征服了当地的达罗毗荼人，然后以他们的征服史诗构建了婆罗门教及种姓等级制度，并由吠陀经典——《梨俱吠陀》《裟摩吠陀》《耶柔吠陀》《阿闼婆吠陀》等构成了印度文明的框架，这些要比佛教早得多。中华文明也是由民族迁徙形成的，现在分子人类学、分子生物学的研究可以追溯到上万年前黄种人的迁徙史，他们中的一支——藏羌先民从东南亚地区沿泰缅漏斗区北上，穿越青藏高原和云贵高原接合部的横断谷地区，进入四川盆地和成都平原。后来羌族的一支——秦人继续北上到达岷山地区，沿岷江流域一路向东，他们的后裔黄帝氏族在黄土高原与河套地区建立了最初的家园。

埃及文明和巴比伦文明所在区域，一个是在尼罗河三角洲，一个是在两河流域底格里斯与幼发拉底两河的中下游地区，这些地区均是四通八达，自古以来就是民族迁徙的通道。我们熟知的摩西率领以色列人出埃及，以色列人在受埃及人奴役的过程中就已产生了混血，他们的宗教信仰与埃及的法老文化有着密不可分的联系。因此我们可以把希伯来人和以色列人的文化看做埃及古代文化的衍生体。希腊人是雅利安人对地中海闪米特文化圈入侵的一个历史现象，而希腊文化是这一现象的一个结果，它在发育成长期，将原来的古代文明的因素都进行了吸收与融合，所以后来生长得十分强壮。

以上简略描述的就是张骞出使西域的全球历史背景，这时候的世界概念还没有涉及美洲和大洋洲，更别说澳洲与南极洲了。轴心时代东方古代文明基本都在北纬30°至50°线之内，属于温带，为什么人类主要文明诞生于温带？一些学者说温带由于四季分明，能让人感受到春夏秋冬四季，强烈体验到寒暑严明对于生命存活与作物生长的考验，从而更易于上知天文地理、下达人间疾苦。这种说法有一定道理，属于地缘说阐释文明发生学的概念。

第 2 节　凿空之旅与寻根溯源

最早进行世界性帝国尝试的是亚述人和波斯人，帝国的标志首先是疆域广大，其次是帝国可以把不同文化、不同地域、不同制度、不同价值观、不同人种统合起来。不论是亚述帝国还是波斯帝国，其统治者都试图将埃及、两河流域、希伯来、波斯以及希腊等文明体系进行融合。要维持一个帝国的运行要有完善的法制、货币体系和基本的行政机构，我们所知中国历史上的帝国有许多，秦朝是第一个大帝国，虽然统一了七国，但它并不是世界性帝国。它吞并的是战国六雄，虽然货币不一样，但是种族相同，所使用的语言文字基本上是中华民族的通用语言文字，制度也大同小异。而世界性帝国是由异质文化构成的疆域广泛的帝国，需要一种全球化的构想能力和实施能力，统治者能把来自不同种族文化的人统筹在一个体制之内，通过有效治理而使人民安居乐业，充分享受到大一统帝国的好处。

尽管中国没有产生世界性帝国，但是中华民族迁徙史的过程却堪称世界之最，它无愧于人类史上最宏伟的民族史诗。科学研究表明，藏羌先民，中华民族先祖的迁徙路线恰好与"一带一路"相吻合，他们翻越了青藏高原来到中土大地，所以才产生了人类史上最独特的神话《山海经》与"昆仑神话"。古老神话中蕴含着宝贵的信息。中华民族的"昆仑神话"与其他民族的神话截然不同，人与世界之间充满巨大张力，而不像希腊罗马神话那样，诸神都有闲暇谈情说爱。"昆仑神话"中的英雄人物基本上都是壮怀激烈，从夸父追日、后羿射日、共工怒触不周山、女娲补天，到神农尝百草、伏羲制八卦、仓颉造字、大禹治水等，皆是与大自然的抗争，这是由艰难严酷的生存环境造成的。

从大禹治水起，治水的事工代代延续，成为国家头等大事。它的总根源，皆因为青藏高原的崛起。中国版图内大多为不宜人居的大山大水，而西边的地中海地域却是柔性地势，风和日丽，易于滋生浪漫爱情。《穆天子传》是"昆仑神话"的续篇，如果后者是由西向东的披荆斩棘，那么前者就是由东向西的寻根溯源。因此，将张骞出使西域命名为"凿空之旅"只说对了一半；从民族迁徙的角度，它应该是溯源之旅。穆天子具有惊人的想象力，他冥冥中早就知道地处青藏高原的西王母国是本民族迁徙来路的分水岭，为了更进一步弄清祖先的来路，他携手西王母翻越葱岭，进入费尔干纳盆地和中亚草原去找寻迁徙踪迹。迁徙来路非常壮阔且复杂，他通过祭祖拜天获得灵感，凭借玉文化中的微弱信息继续前进。据说穆天子活了100多岁，仍不足以完成民族溯源的使命，但他毕竟达到了沿途撒播记忆种子的目的。这些记忆的种子在先秦时代生根、发芽、开花。先秦诸子百家、圣人先贤心目中的伟大时代，就是直指由大山大水锻造出来的英雄气质，就是蕴藏在美玉中的高尚人格，"高山仰止""高山流水""仁者乐山、智者乐山"，此三个成语表征了覆盖4万年的中华民族迁徙史诗的所有精华。

第3节　王道成命与传道之途

　　据史料记载，西域在公元前2世纪左右时分为三十六国。这些散布在塔克拉玛干沙漠边缘的绿洲国家大的有几十万人，而小的只有几千人。塔克拉玛干沙漠的形成是青藏高原崛起的一个副产品，从帕米尔高原绵延而下的数条巨大山脉，阻挡了印度洋暖湿气流的北上，从而使得昆仑山以北的内陆地区干旱而少雨，形成了最典型的大陆性干燥气候。但这并不妨碍戈壁荒漠中点缀着水草丰美的绿洲，绿洲存在的关键是河流。地质研究学者指出，塔克拉玛干沙漠中的塔里木河原来有80多条支流，后来全部消失，成为彻底的荒漠。塔里木河的水源地之一的罗布泊，瑞典考古学家赫文斯定在20世纪初进入这里考古时曾拍下数十帧照片，当时的罗布泊有湖水有芦苇，一叶扁舟荡漾于湖面上，渔翁鱼鹰栖息船头，一派诗意。现在则是一块死寂之地。从张骞到玄奘，都把西域三十六国描写为生机盎然的美丽国度。

　　公元前60年，为了管理西域，西汉在乌垒城（今轮台县境内）建立西域都护府，正式将西域地区纳入中国版图。西域和中原的关系最重要的是通过河西走廊，它主要由"如意"形状的甘肃省来界定，南边是祁连山脉，北边是荒漠戈壁，只有经过兰州、武威、张掖一直延续下去到酒泉，通过敦煌、阳关而进入广袤的西域。先秦时期，这里为大月氏人所占，月氏人祖居地就是祁连山。公元前3世纪左右，他们与匈奴发生了一次战争，大月氏战败，祖居地为匈奴所占，被迫西迁。他们且战且退，最后越过葱岭来到了印度河流域的大夏，也就是希腊人统治的巴克特里亚王国。他们之所以成为张骞寻找的对象，是因为汉武帝早就得知匈奴与大月氏有不共戴天之仇，所以派张骞出使，希望与大月氏联合共同夹击匈奴。

带有佛陀形象的迦腻色迦金币

　　对于大月氏，中国人了解不太多。大月氏刚开始帮助巴克特里亚王国守边疆，由于阿育王派出的佛教传道师至巴克特里亚希腊王国，国王们开始信奉佛教，那些欣赏希腊文化的草原民族也开始信奉佛教。西迁至中亚的月氏人分为五部，其中贵霜部落的势力最强大，他们统一了其他各部并取代了巴克特里亚希腊王国对本地区的统治，在公元1世纪建立了赫赫有名的贵霜帝国。这里重点要提出的是贵霜帝国第三代君主迦腻色迦王，他铸造的钱币融合了波斯、希腊和印度文化的因素，钱币的正面是佛陀形象，背面是迦腻色迦本人的形象，再加上袄教（即索罗亚斯德教、拜火教）祭祀的图样。钱币明确暗示了迦腻色迦王要当法王的意愿，第一个法王是阿育王，他成了公认的榜样，巴克特里亚希腊王国的德米特里、弥兰陀王被认为是阿育王之后的法王。法王肩负着重要的责任，如果能亲自主持佛教史上重大的结集，那么他就是毫无争议的伟大法王。迦腻色迦对于佛教传播所作的贡献在后文中会详细展开论述。

　　张骞于公元前139年出使西域，是接受皇帝成命必须要完成的政治任务，书写的是王道史；迦腻色迦主持的第四次结集，书写的是传道史。原来的大月氏即现在的贵霜帝国，认为刀兵相争并不能解决问题，应该通过佛教义理去启发人心，方才是长久之道。张骞出使西域途中历经艰险，终于在公元前126年回到长安。他的最大功绩就是让国人知道了外部世界，以前由于自然地理的阻隔，国人将西部一概视为荒蛮之地，绝无高级文明出现的可能。自此以后，中国人的视野便不再局限于内陆腹地了，而是将眼光投向了更为广大的外部世界。秦朝时奠定的"东渐于大海，西逼于流沙"的地理概念被大大扩展。

公元前122年，张骞分别派遣四路探险队向西藏东部和云贵地区进发，希期望找到通向印度的道路，虽未成功，但为汉朝了解西南地区作出了贡献，也使得这一地区从此划入中原王朝的版图。张骞探险队没有想到的是，他们探寻的地区实际上是丝绸之路的南路，而南路比我们一般认为的丝绸之路要早很多，因为它与中华先民的迁徙来路相叠合。张骞的南方探险还有一个深远的意义，这要在数千年之后方才显现出来。简单说，张骞的南方探险为中华民族生存空间拓展了战略回旋余地，这也是中华民族在多次外敌入侵中屹立不倒的重要原因。

张骞出使西域之后，大量的异域文化传入中原，丰富了汉地人民的生活。汉朝在通西域之后，在鄯善、车师等地屯田时使用地下穿井术，习称"坎儿井"，并在当地有效推广。坎儿井大体上是由竖井、地下渠道、地面渠道和涝坝（小型蓄水池）四部分组成。其独特的构造避免了水分的蒸发，保证了自流灌溉系统，促进了西域地区的农业发展。

从古代探险旅行的角度来看，希腊历史学家希罗多德一生游历广泛，他向北走到了黑海北岸，向南到达埃及南端，向东旅行至两河流域下游一带，向西抵达了意大利半岛和西西里岛。中国史学家司马迁在20岁时开始游历天下，他从京师长安出发，南下襄樊到江陵，至湘西并北上长沙到屈原沉江处凭吊，并顺长江东下，游历了中国的东南地区。之后，北上渡江，考察了齐鲁地区文化，并参观了楚汉相争的战场。其活动的大致范围并未超过战国时期各诸侯国的疆域，对于他来说，广大的世界都是未知的。亚历山大的东征将各古代东方文明统一在希腊的"世界主义"观念之下，中华文明在亚历山大东征近200年后，由汉朝使者张骞到达了亚历山大率军抵达的最东端——巴克特里亚和索格底亚那地区，至此，人类文明沿丝绸之路开始形成一个具有"人类命运共同体"意味的雏形。

本章启示：

是怎样的精神，支撑着张骞在两次被匈奴抓获后仍然完成了出使西域的使命？

张骞的精神支撑，从狭义上说是来源于君王成命、忠义气节；从广义上说，则是中华民族的精气神，经过春秋战国仍然留存的那一口气，这口气是"汉唐雄风"的底蕴，给我们留下了千古史诗传奇："飞将军李广""张骞出使西域""苏武牧羊""卫青霍去病击匈奴""李广利伐大宛""傅介子只身斩楼兰""陈汤甘延寿灭北匈奴""班超平定西域"……

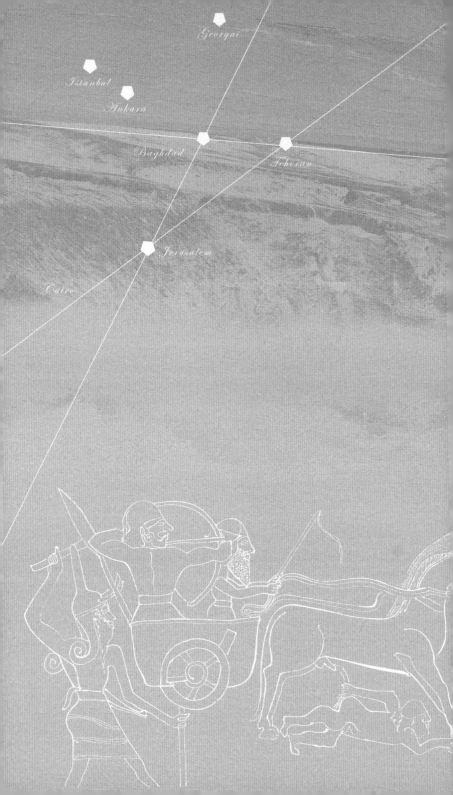

第十章

佛像的诞生

第十章 佛像的诞生

在佛教创立500年后未出现佛的造像，信众们以足印、莲花、法轮、菩提树等事物来象征佛陀。亚历山大东征，引发了希腊文明与印度文明碰撞出火花，这是轴心时代的一个事件，同时也是一个伟大的转变，其标志就是希腊人崇尚并吸纳了印度的宗教思想，而印度人则接受了希腊的造型艺术观念，它的结晶是犍陀罗佛像。

第1节 钱币美学与圣像光轮

在中国人的生活中，最为熟悉的宗教人物形象莫过于佛像，但是佛像是如何诞生的，以及孕育它诞生的土壤，却并不被大家所熟知。如前所述，佛像是希腊文明与印度文明相互赠予、融合的结果，它是亚历山大建立"东西方文化联合体"理想的遗产，也是"钱币美学"转换为"圣像美学"的范例。正是从那时起，一种不卑不亢、仁慈和祥、低眉顺目、悲悯盈满的形象，首次出现在人类造型艺术史中，它历史性地将雕像艺术提升到圣事艺术的高度。

佛像作为人类文化史从轴心时代向信仰时代转换的形象见证，有着深远的影响。是它把波斯的普济主义、希腊和罗马的世界主义发扬光大，最后转变为欧洲基督教世界的普世主义。正是这个原因，佛像的诞生成了我们关注的焦点，而最令人惊奇的是，其源头是肇始于古代的钱币！

自古以来的钱币都是各种各样的，石币、贝币以及由金属铸造的钱币五花八门。后来人们发现，刻有神祇或国王头像的圆形钱币是人们最愿意接受、也是最流行的样式,这里有一个审美的小秘密藏在里面。当一个人头出现在圆形的中央,给人的第一感觉他不是圣人就是王者。他背后的圆形就是太阳,象征着光明、正义、力量及绝对的权威,甚至令人联想到生命、永恒、希望、天国。这方面最早的经验也许来自上古时代的民族迁徙,那些圣人、先知、祭司、部族领袖在日出或日落时登上山顶,留在众人视觉中的影像,它化为一种形象记忆而植入这个民族的血液深处。随着文明的不断积累与发展,特别是宗教与信仰的内在需求,人们终于发现,大众渴望的圣人形象,在钱币样式中已经存在——人头背后加上太阳!或者说是生命后面加上光轮!这种形象具有无比强大的穿透力,不用语言就能起到比千言万语更大的作用。

据考证,在公元前250年之前,帝王为了获得永恒——无论是权力的永恒、帝国的永恒,基本上是通过建造宏伟的陵墓、雕刻巨大的形象来达成,这方面古埃及法老的陵墓艺术已做到极致。当地中海文化的中心从尼罗河、底格里斯河、幼发拉底河流域转向爱琴海诸岛时,陵墓艺术退为次要,而代之以铸有帝王形象的钱币;它从公元前4世纪起迅速在地中海、小亚细亚到中亚的广袤地域上流行。这种将帝王形象铸在钱币上的形式,构成了象征权力与荣誉的"钱币美学",成为古代世界公认的规则。

从单纯的图形学角度来审视,圣像后面的头光与铸有帝王形象的钱币非常接近,但两者在其本质方面却大相径庭。现世之王,就是以人形钱币为标志;或换句话说,当人民大众看到人物在一个圆形中的图形时,便会自然产生一种由衷的敬畏之心。但这个非常强大的传统,却在希腊化世界的晚期发生了变化。从德米特里时代起,巴克特里亚的希腊人皈依了佛教。佛陀"众生平等""慈悲心肠""救度苦难"的思想使其深受感动,他们认识到佛陀不仅是超过希腊神话世界所有神祇的圣人，而且是比阿胡拉·玛兹达神、密特拉神等更为真实的圣人。可以想象，希腊的造型与佛陀的思想在希腊佛教徒们那里发生了神奇的化学反应，一种富于创造性想象的崭新形象，在他们心中呼之欲出。这个崭新的形象就是佛像。在他们看来，佛的面部应具有希腊比例美学的端庄，神情具有"心身至善"的宁静，身体被光环绕在后，象征佛陀慈悲救度精神的光辉永驻。

这就是背光——光轮的形象，它折映出人类历史在公元前后时期思想的巨大动荡和裂变，其标志就是圣像的出现。圣像作为这一时期最重要的标志性形象，它的出现一举改变了"国家王道史"的正统叙述，而进入到"心灵信仰史"的崭新表述。在图像学的意义上，光轮作为圣像的决定性因素，超越了东西方的界限，而成为圣者的标志。

让我们来简单梳理一下佛陀作为圣像的形象是如何从钱币形式中脱颖而出的脉络。众所周知，发源于希腊文化的巴克特里亚王国时期的钱币，借鉴了希腊的新技术：其钱币上的符号不是一个接一个地压印上去，而是所有的符号一起压印到金属面上而形成图案。从那时起，希腊的圆凹形钱币成为包括塔克西拉在内的犍陀罗地区广大人民最熟悉的图像。在塔克西拉的钱币中，压印的典型符号有：万字、空心十字、支提（三个拱形形成的图案，顶端是一个新月形）、狮子、大象和植物。考古学家约翰·马歇尔、印度艺术学者甘宁汉都指出：塔克西拉钱币标记——由四个半圆围起来的小球，是佛教的标志，因为它们象征着伽蓝的结构图。这些符号形象传递了如下信息：佛教信仰在犍陀罗地区逐渐成为压倒一切的信仰。

公元60年，贵霜帝国的丘就却王子彻底取代了西徐亚人和希腊人，而成为塔克西拉的主人。贵霜帝国的首都有两个，夏都白沙瓦、冬都迦

巴克特里亚王国后期君主阿加托克利斯钱币（左为配有希腊文的豹子，中为狮子，右为婆罗门教—印度教吉祥天女。）

毕试，其版图延伸至亚洲的三大河流：乌浒河、印度河、恒河；丝绸之路把这三个地区紧密联系在一起。贵霜帝国对佛教艺术的积极扶持，加速了佛像的成熟与繁荣，但其种子则早已在巴克特里亚希腊王国时期就播下，由希腊式建筑、城市格局和生活方式所构成的大文化氛围，磁铁般地吸引着不断到此的游牧部落，引导他们皈依高级信仰并将心灵交给佛陀；佛像，就是这一皈依过程的表征。

在贵霜帝国的迦腻色迦时代，钱币上出现了佛陀的明确形象，这是巴克特里亚希腊王国钱币美学继续发展的符合逻辑的结果。贵霜时代确实是佛像繁荣的时代，但这一繁荣的起源并非月氏人，而在更早的时代，起码应追溯到巴克特里亚小王国的统治者德米特里和米兰德的时代，正是从那时，皈依佛经信仰的希腊人开始了对塑造佛陀形象的探究。

第 2 节　佛像的诞生

在经历了这数百年的文化沉淀与思想的震荡之后，佛陀的形象终于要呼之欲出了，其能量的迸发点是塔克西拉的斯尔卡普。斯尔卡普的遗迹显示，这里不仅建筑，就连室内的家具、装饰品、工具、植物，都受到希腊的巨大影响。一种新的艺术形式开始摆脱传统样式而逐渐成型，这就是犍陀罗艺术。精神方面，佛教在这一地区已占据绝对的主导地位，钱币上开始出现佛陀的图像，具体细节似乎与当地传统有着某种关联。这是一种新的尝试：以希腊形式来体现佛教精神。

进入这一地区的所有游牧部落，都推崇来自希腊—罗马世界的雕塑，从酒神狄奥尼索斯的银质头像、金压花的维纳斯像到丘比特、普赛克以及德墨忒尔的大理石雕像。它们为印度—希腊的佛像艺术家的创造力提供了想象力资源。在一尊显示了古典的希腊风格的石雕盥洗盘上，展现了阿波罗正在为心爱的伴侣达芙妮脱衣服的画面，它被学术界公认为是巴克特里亚希腊艺术的开端。

从这里出土的石雕，代表了犍陀罗雕刻艺术的基本面貌：它们的原材料都是片岩。我们现在见到的塔克西拉博物馆，就是由当地产的灰色片岩修建的，2000多年前，同样的石头建造了东西方文化交流的明珠城市——塔克西拉。皈依佛教的希腊雕刻家们也用同样石料雕刻了佛像，佛陀不仅容貌非常的希腊式，而且服装也是如此，他身穿莫拉莫拉杜的服饰，这是一种巴克特里亚希腊人流行的服装样式。从雕像中可以看出，人们对佛陀形象的想象，是依据地中海世界的造型规则展开的。雕刻家和工匠们采用的是浅浮雕或高浮雕的技法，先从山上挖出整块岩石，然后用凿子凿出平面，再用尖头的工具雕出人物形象，再予以精细的打磨，直至雕刻体全部平整光洁。犍陀罗雕刻艺术与该地区的传统古代石雕的区别十分明显，由于使用的雕刻工具精良，人物脸部和身体的轮廓更为圆润，表情更为生动。这些恰恰都是犍陀罗雕刻艺术的主要特征。此外，雕刻家们在材质方面也有分门别类的巧妙运用：康珠尔石

巴基斯坦 塔克西拉（李阳 摄）

被用来雕刻科林斯式的圆柱和壁柱，砂岩则被用于爱奥尼亚式石柱的顶端和底部。犍陀罗艺术考古专家约翰·马歇尔在《塔克西拉指南》中这样总结道："大多数雕塑所用的石头都从印度河彼岸运来，在犍陀罗当地的工作室中，由艺术家创作出一种崭新的、极具吸引力的佛教艺术形象。"这种极具吸引力的新型佛教艺术，正是希腊文明与印度文明相遇之后发育成长的结果。

更多的迹象出现在斯尔卡普附近的莫拉莫拉杜佛教寺院。在莫拉莫拉杜佛教寺院的一个僧舍的壁龛里，发现了最为经典的犍陀罗佛像[1]。"莫拉莫拉杜佛陀立像"是一尊用片岩雕刻的佛像。我们一眼看过去，就可强烈感觉到它的脸部所具有的犍陀罗雕刻的典型风格——宁静、安详。佛陀形象由坚硬的片岩雕刻而成，他站在一个以四个蔷薇形饰物为标志的基座上，身披一袭低围腰布，与另一件斜披左肩的衣服形成有机的交叉。上面的披巾自然垂落在前面的手上，依稀可见优美的半圆形折痕。下面衣服的底端则显示了经典的皱褶——它来自希腊世界，而佛陀的手臂、脖颈和耳朵上的饰物则来自西亚。他的头发值得注意：优雅的发束如同波浪般向两边分开，如同阿波罗太阳神那样，其中一束发髻从波涛发浪中高高地耸起，打了一个美妙的双髻，形成王冠的造型，这使我们联想到阿育王关于佛法高于王法的论述；直到这时，200多年前的

[1] 犍陀罗佛像，南亚次大陆西北部地区（今南亚次大陆地区的巴基斯坦北部及中亚细亚的阿富汗东北边境一带）的希腊式佛教艺术。形成于公元1世纪，公元5世纪后衰微。犍陀罗地区原为公元前6世纪印度次大陆古代十六列国之一，孔雀王朝时传入佛教，1世纪时成为贵霜帝国中心地区，文化艺术很兴盛。犍陀罗艺术主要指贵霜时期的佛教艺术而言。因其地处于印度与中亚、西亚交通的枢纽，又受希腊—马其顿亚历山大帝国、希腊—巴克特里亚等长期统治，希腊文化影响较大。它的佛教艺术兼有印度和希腊风格，故又有"希腊式佛教艺术"之称。犍陀罗艺术形成后，对南亚次大陆本土及周边地区（含中国大陆、日本、朝鲜等国和地区）的佛教艺术发展均有重大影响。

莫拉莫拉杜寺院遗址

文字言说方才有了真正的形象显示。这是真正经典的佛像，除了造型之美以外，其制作的标志是他的左手有一个重叠面，右手有一个榫眼，说明他的前臂肯定是由一个榫舌而固定到这个榫眼上的，这正是希腊雕像特有的营造法的证据。

以上所列举的犍陀罗佛像，虽然塑造的手法和装饰有所区别，但雕刻家的目的却高度地一致，他们想使悉达多太子青春洋溢的形象，化为永恒沉思的安详面容，象征佛陀完全能够穿越死亡的时空，为世俗灵魂带来永恒的生命智慧。为了创造出佛陀平静安详的面容，散布在佛教寺院周边的艺术家们，竭尽全力地使佛陀的面相年轻、高贵、不朽。他们并不知道佛陀本来的形象，也没有准确的文字描述可供参考。他们创作的依据来自哪里呢？从艺术创造心理学的角度，它来自涌动于艺术家心灵深处的内在心象，而这一内在心象源于希腊文明的滋养，来自希腊审美原则"心身至善"的理念；它们由亚历山大的文化远征，越过伊朗高原、帕米尔高原、兴都库什山脉、巴米扬翠谷、斯瓦特河谷与印度河流域，历经数十代人的传承，转化为犍陀罗佛像的光轮。

第3节　从东方圣像到西方圣像

佛教艺术的精髓是佛像，而佛像是通向圣像的门径。

从大历史的角度来看，佛像作为"圣像"的最早典范，是希腊文明与佛教思想结合的产物，在这一过程中，亚历山大的作用至关重要。这位以建立"东西方文化联合体"为梦想的希腊统帅，为广袤的亚洲大地带来了源于地中海世界的"世界主义"，这一观念不仅为佛教的高超理念与玄妙学说奠定了普世的基调，同时也为佛像造型给出了基础性要素。亚历山大远征在印度河流域埋下了希腊文明的种子，它以遍布中亚地区的数十座"亚历山大城"为标志，这些城市的格局和形态给予孔雀王朝的君主们以深刻的印象，乃至于在某种程度上成为他们进行精神、物质两个方面追求的范本。

所有的转折出现在阿育王时代。他主持了史无前例的传道、整饬佛教僧团的规矩，其中包括禁绝佛像——因为他们不符合信徒内心的理想形象。这就造成了佛像长达数百年的历史缺失。这一缺失注定不会延续很久，巴克特里亚希腊王国在皈依佛教之后，文明与信仰的精华齐聚在这片远离地中海文明的、被称为"犍陀罗"的土地上，佛像诞生已是蓄势待发。扣动这命运机枢的载体是钱币。正是来自地中海世界的"钱币美学"，给予佛像以最初的形式创造灵感。我们在犍陀罗的心脏地带——圣城塔克西拉以及斯尔卡普、喀拉宛、尧里安、皮尔山丘等地，可以感受到巴克特里亚希腊王国的雕刻家们，是如何将钱币美学转换为圣像美学的；从外在形式看过去，人物的形象从侧面（钱币）转为正面（佛像）似乎轻而易举，实际上跨出这一步十分艰难，它完成了从"王道史"向"信仰史"的灵魂转向。

　　犍陀罗佛像是地中海文明"世界主义"与印度精神结合的产物。这种世界主义在波斯帝国、希腊城邦（包括希腊化的马其顿帝国）、罗马帝国都曾存在过，但以希腊城邦的世界主义为最健康，为文化和艺术的"异域创化"提供了范本。希腊的世界主义观念认为，人类的高级信仰体系是普世的，应该以美的形象予以表现。因此，对于波斯密特拉教的善恶观念到印度佛陀的悲悯思想，以及"觉有情"的救度观念，他们不仅倾心认同，而且以希腊的造型手法使之形象化，进而创造出一种新的形象体系。

犍陀罗佛像

　　虽然许多专家将贵霜王朝的迦腻色迦时代定为佛像的产生期，但从更广阔的视角来看，佛像的产生应该要更早——即巴克特里亚希腊王国时期。或者说，建立贵霜帝国的大月氏人，借助希腊人创造的犍陀罗经典佛像继续营造自己风格的佛像（被称为犍陀罗晚期贵霜风格佛像），以此表达他们对新的信仰和希腊艺术的崇敬。这一点不仅从广义的考古成果中得到证实，而且从贵霜帝国对中土传道的热情也获得了印证。

　　最早的佛像——犍陀罗佛像是按照希腊的"心身至善"美学原则创造出来的，它不是根据释迦牟尼生前的形象，而是通过对"形的位格"的琢磨与想象，而创造出理想中的佛陀形象。佛陀形象的创化过程，是地中海文明与异域文明相遇时碰撞的结果，它已超越了一般风格学的意义而具有"普世"的精神，这种精神对于以后圣像的产生至关重要。

　　关于圣像起源于佛像这一主题，我们还可以从造型学与图像学的角度进行一番探讨。希腊雕刻家帕里克莱托斯制定的"准则"，是古代造型艺术所公认的原则，"准则"的作用是通向"黄金比"。圣像将人体的黄金比集中于头部及其五官，力图使得神的启示、最高的善，化为可见的具体形式，并渗透到每一个细节之中。正是在这些如优波、美丝、柔线的细节中，神的絮语如流水般萦绕耳边，令人亲睹"道化肉身"奇迹的上演。圣像的眼睛，从释迦牟尼的微闭到耶稣基督的圆睁，蕴含着深邃的意义，它标志着人性通向神性的艰途是如何开启的。从宽容、慈悲、舍得、利他，到同情、怜悯、牺牲、拯救，人类首次领悟到何为真正的生命价值，从而开启了我们的第二视力。正是在这一视阈中，美丽形体具有了生物学的依据，"心身至善"经由"体液平衡"而将美与善的因素灌注到肉身的肌理之中，它塑造了五官面容的庄严和慈祥，铸就了四肢手足的端庄与伟岸。反观那些多神崇拜的偶像，其造型无一不偏离了正形，而呈现出吓唬人的形象，无论是梵天、湿婆或是其他数不胜

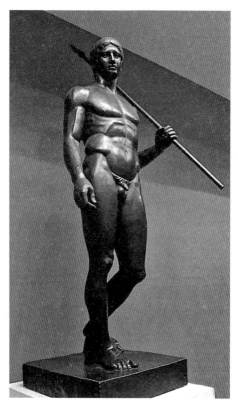

持矛者

数的神祇，莫不如此。

轴心时代人类最伟大的梦有两个：其一是柏拉图对"美"的超验性阐释（即"美是光辉灿烂"的理念），其二是亚历山大欲建立的"东西方文化联合体"。前者通过普洛丁的神学美学—新柏拉图主义而在基督信仰王国内实现。后者的影响，则更加深远：它不仅在当时引导了佛像的诞生，而且在现今东西方文明态势发生根本变化之际，具有超越时空的重大意义；它为东西方文化以千年为单位的趋势作出了预识，提示世人，伟大文明之间相互赠予、融汇，以求和谐相处，方才是人性提升之正道，方才是文明命运之归宿。

让我们返回到亚历山大提出"东西方文化联合体"的伟大梦想时代。两者的最初碰撞是从在中亚、南亚大地上建立希腊化城市开始的，它为人物雕像的"数理明晰化"奠定了最深刻的基础。从此，"几何""数字""比例""和谐"等因素通过城市的理性形式而影响人体、规范心灵，进而逐步成为人物造像的内在准则。当新型信仰的地位确立之后，人们——不管他是何种民族、何种阶层——均认同一种至关重要的原则：圣人形象一定要以新的造型理念来塑造之。这里所谓的"新"，是指摆脱原始的、仿生的、萨满教面具形态的造型原则，而进入到一个人性更高层面。这一理念毫无争议地属于地中海文明体系，亚历山大的学者们给予了最初的一切。

自圣像开始，人民方才有了他们所需要的形象，而不再是那些高居于上的、吓唬心身的怪异形象。圣像以充满人情味的眼神、端庄而悲悯的注视，向所有人传达爱的信息；它具有异乎寻常的强大力量，使人们在生命旅程的困厄中重新鼓起勇气，而使人类存在的意义与价值得以延续。

圣像在古代社会中的兴盛，反照出在现代社会中的隐匿，这是人类精神发展史退化之旁证。由于欲望的膨胀、利益的诱惑及物质的滥觞，造成灵魂的扭曲和异化，人类对美、善的终极向往被无情阻断。当下佛教艺术的素质，之所以较古代佛教艺术呈现大倒退，皆因由"心身至善"创作原则的佛像，已从人们记忆中消失殆尽。其主要原因则在于世俗化，而世俗化的根源来自教义内部的矛盾。自从部派佛教分裂之始，就埋下了削弱佛祖原初教导的因子，阿育王时代的高僧予以扭转，大力弘扬原初佛义，致使正典佛像在犍陀罗地区诞生。然而发展至公元8世纪以降，佛教经本滥觞、各部众说纷纭，此乱局为婆罗门教的复辟、印度教的兴起顿开通衢。从此，原初佛教在各种流派的冲击下日渐式微，佛陀形象的位格不升反降。位格的下降，体现为佛陀形象的"福相化"，以"三十二相""八十种好"取代"心身至善""美德和谐"原则，地中海式的端庄形象变为东方比附性的造型准则，并由此而形成贯以千年的传统。

历史在等待，仍然是古地中海文明承载了历史的使命、上帝的垂青。当佛教精义经由阿育王传道而弘扬于广袤的中亚大地，一举征服了学术之都巴比伦时，地中海的精神沃土开始活跃起来。从尼罗河畔的太阳神庙到光明之神阿胡拉·玛兹达崇拜，从德尔斐铭刻到狄奥尼索斯祭坛，从摩西攀登的"西奈山顶"到犹太先知驻足的"迦南之地"……各种精神要素齐汇，滋养和催生出一个伟大的信仰。最后，一位来自拿勒撒的传道者耶稣胜出。他被钉死在十字架上的悲剧，恰好成了他名扬天下、征服世俗王权的契机。

在使徒圣雅各完成"地极传道"壮举之后的6年，即公元48年，耶稣最喜爱的门徒之一圣多马备好行囊，执行《马可福音》16章15节所颁的使命："你们往普天下去，传福音给万民听。"他远赴印度传道，并在那里建立了最古老的基督教村社。圣多马的传道路线是从地中海到印度次大陆，沿着300年前亚历山大东征时由海军将领尼库阿斯指挥的舰队航行的线路，它同时也是自古巴比伦时代商贾们惯走的贸易路线——从亚历山大里亚到玛德拉斯之间的往返。正是在玛德拉斯这个位于印度西南部的古老港口城市，人们能看到圣多马当年传道的遗迹。如果说"圣多马教堂"遗址尚不清晰的话，那里数以千计的叫"多马"的印度人——他们都是基督徒——便是鲜活的生命证据。这条线路意味深长，它是对300年前阿育王派遣的传道师当年的传道路线的回应。作为人文史上最伟大的传播路线，它凌驾于繁盛的丝绸、黄金、宝石、香料贸易路线之上，当那些尘世之物灰飞烟灭后，它仍然闪耀着不息的精神光芒。

在圣多马由海路东行传道之后350年，一位中国僧人走上了一条更为艰险的陆路西行求法。东方文明内部伟大信仰的相互传递，在这300年间基本达成。法显的西行创举，使得250年后的玄奘毅然踏上西行求道之途，他的事功虽是西行求道的绝唱，仍与法显等大师共同彪炳辉耀后世。

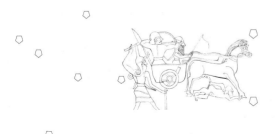

本章启示：

佛像的诞生作为佛教传播史上一个重大事件，是如何被巴克特里亚的希腊人和贵霜帝国的佛教徒们发扬光大的？佛像诞生的历史意义以及对后来的影响？

巴克特里亚希腊王国与贵霜帝国之所以能创造出庄严大美的佛像，是因为他们处于文明交融的十字路口，浸润于波斯、希腊、印度诸文明的滋养之中。佛教的"慈悲为怀"与波斯的"光明善神"以及希腊的"心身至善"，在信仰者的内心深处萌芽生长、融会贯通，终于，理念化身为形体——端庄美丽的犍陀罗佛像喷薄而出。佛像诞生标志着人类精神在轴心时代所积蓄的能量，在佛像创造过程中得到彻底释放，使得那个时代不同地域人文思想的精华，在丝绸之路的转折点——巴克特里亚（塔克西拉）碰撞出耀眼的火花。佛像的诞生，既可以说是希腊化世界"世界主义"或"普济主义"的产物，也可以说是轴心时代的东方世界信仰高峰对地中海文明影响的结果。正是在这一点上，最初的圣像——犍陀罗佛像中具有的希腊要素，是"心身至善"的美学原则与柏拉图"美是光辉灿烂"学说的有机结合；它超越了图形学、风格学或一般审美情感的旨趣，开创了一个完全不同于以往的历史纪元——"圣像时代"。

第十一章

永平求法

Enlightment of Silk Road Civilization

第十一章　永平求法

公元76年，汉明帝主导的"永平求法"被认为是佛教东传的历史重要一刻。而按史载或传说，在这前后已发生大量佛教思想文化进入中土的事件，如释利房传法、匈奴祭天金人、伊存口授浮屠经等。这些事件或实或虚也许并不重要，重要的是它们共同谱写了波澜壮阔的佛法东传史诗篇章。

第 1 节　永平求法与白马驮经

在中国，儒家思想、道家文化和汉传佛教以鼎足之势构成了传统文化的基石。关于佛教何时传入中国以及其所代表的意义与价值，从古至今争论颇多。

在河南省洛阳市老城区以东12公里处，静穆地坐落着一座古刹，它兴修于明代，但其悠远的历史却可以追溯到2000年前的东汉年间，这便是著名的白马寺。该寺的身世可牵连出一件影响中华民族文化命运的大事件，这便是"永平求法"。"永平求法"的意义在于：它不仅仅改变了数千年来的东亚文化格局，甚至影响着未来的人类文化面貌。关于此事的来龙去脉，以及其中所蕴含的历史意义则是本章着重介绍的。

"永平求法"最早见于《牟子理惑论》《四十二章经序》和《老子化胡经》中，此外还见于魏晋南北朝人士的多个文集中。《牟子理惑

白马寺

论》[1]中有这样的记载：东汉明帝永平年间的一天晚上，皇帝刘庄在睡梦中遇见一位仙人，他的周身环绕着金光，飞到御殿之前。皇帝很高兴，次日早朝便请群臣来解梦。时任太史的傅毅博学多才，他告诉皇帝说："臣听说天竺（印度）有位得道的神，号称佛，能够飞身于虚幻中，全身放射着光芒。皇上您梦见的大概就是佛吧。"于是汉明帝听从

[1]《牟子理惑论》全书共39章，首章一般称为序传，最后一章称为跋，正文共37章。序传部分介绍牟子的经历和著书的缘由，所述史事多可与史实相印证，其中一些记述可以补史料之不足，其所言当时社会动乱状况、交州地区思想学术界之动态，以及作者为什么作此书，经学者考察，都与实际情况相符合。全书均采用自设客主进行问答的形式展开，所假设的问者是个来自北方的儒者，他昔在京师，入东观，游太学，视俊士之所规，听儒林之所论，未闻修佛道以为贵，自损容以为上，对儒道释提出种种疑问；而设置的答者是牟子，根据对方提的不同问题，大量引用儒、道和诸子百家之书给予解释，对佛教教义学说加以发挥阐述，以图论证佛、道、儒观点一致。

劝导，立即派遣使臣出使西域，访求佛道。

大约3年后，使团在西域境内遇到了两位来自贵霜的高僧正在当地传道，一位名叫摄摩腾，另一位名叫竺法兰。使团说服两位高僧一同返回洛阳，并带回了《四十二章经》等经书以及佛像。皇帝见状大喜，下令在都城洛阳建造了中国第一座佛教寺院，安置两位西域高僧以及他们带来的宝贵经像等物。这座寺庙就是今天的洛阳白马寺，命名是根据当时驮载经书与佛像的白马而得。

关于"白马"需予以特别的留意，它不是一个简单的动物或名词。我们浏览佛教史便可发现，"白马"每每与佛陀以及著名高僧紧密联系在一起。乔达摩·悉达多太子离开王宫出家时，骑的是一匹白马；摄摩腾、竺法兰前来洛阳，驮载经书的是白马；鸠摩罗什从龟兹进入中土，骑的也是一匹白马，在敦煌力竭而死被埋葬并筑以"白马塔"纪念之；玄奘骑的白马更是赫赫有名，它是海龙王太子变的，成为《西游记》中不可或缺的角色之一。凡此种种绝非偶然，这应该是佛教象征体系中的一个转喻形象，象征那些甘愿为佛法而献身的人间贵胄，他们的修行果位距"法王"仅一步之遥，大致相当于"罗汉"与"菩萨"的关系。中国自古以来强调"名实论"，因此，白马寺的命名一定有着深刻原因。白马在佛本生故事中代表着忠诚与献身，这一特殊含义为中华文化传统所认同，所以汉朝政府没有按照原来已有的习惯来命名。比如汉武帝于太初元年命名的"大鸿胪"，前身是西汉初年的"大行令"，再早则是秦朝的"典客"，功能是掌管朝会礼节以及接待外国使者。以惯常思路肯定会取一个中国式的名字，而不大可能是"白马寺"，这三个字太异域风格了。

白马寺成为中国佛教的发源地具有双重意义：一方面，它成为中国佛教的"祖庭"和"释源"；另一方面，"白马"两个字已超出它本来具有的意义，而转化为某种人格价值的代名词，对于广大信众具有持久的精神感召力。

关于该事件的真实性，有学者在《中华佛教史·汉魏两晋南北朝佛教史卷》中进行了相应的考证。学者们推测，汉代中国已存在几个佛教中心，洛阳是其中之一。而生活在洛阳的佛教信徒为了增加本地的权威性，并彰显其优越地位，在公元2世纪后半期虚构了汉明帝梦佛的故事，并加入了白马驮经的情节，是为了使得洛阳成为全国的佛教圣地。尽管如此，"永平求法"的事件标志着中国朝廷认可异域高级文明的官方行为，而中国也因佛教的传入转变了从茫茫三代到汉朝绵延了数千年的刚性血质，走向了带有内省精神的复合型民族性格。这也使得中华文明在早期民族迁徙历程中获得的源创力几近衰竭之际，再一次被注入新的活力。从此以后，佛教所内含的文化精神便深深扎根在每一个中国人心间，成为中国文化重要的组成部分。

第2节　祭天金人与伊存授经

"永平求法"只是佛教东传这个重大事件中的一个版本。关于佛法传入中国的历史故事还有很多。例如，我们在《周书异记》《列子·仲尼第四》、晋人王嘉的《拾遗记》[1]等著述中可见到分别记载佛教在周朝、孔子时期和战国末年传入中国的说法，尽管这些成书多为后世伪作，但它们毕竟反映了时代的潮流，流露出华夏文明在上升活跃期时，对异域高级文明吸纳与交流的热情。

---

[1]《拾遗记》，又名《拾遗录》《王子年拾遗记》，古代中国神话志怪小说集。作者东晋王嘉，字子年，陇西安阳（今甘肃渭源）人。《晋书》第九十五卷有传。今传本大约经过南朝梁宗室萧绮的整理。

在前面章节关于释利房的故事中曾说道：秦始皇时期，印度的转轮圣王阿育王曾经派遣18路传道师弘扬佛法，其中一路由传道师释利房率领来到中国，试图并劝谏崇信法家的秦王政也就是后来的秦始皇。但当时尚年轻的秦始皇在听信了国相吕不韦的意见之后，认为他们是妖言惑众之术，而把一众人囚禁起来，夜里有金刚劫狱，救出传道团队。从时间上看，秦始皇与阿育王生活在相近年代，阿育王虽然长秦始皇44岁，但两人去世年代却只相差十几年，因此阿育王的传道师到达中国并非全不可能。目前尚无确凿史料证据证明大秦王朝与孔雀王朝有过交往，但人们仍然可以从这个故事中品味到佛教作为"慈悲"的表征与"暴秦"相遇中所生发的文化张力和哲学玄思，其所暗含的某种神圣价值对嗜血王政的柔化。

相较之下，流传于汉武帝时期的佛教故事则更多了一些实证味道。宗炳[1]的《明佛论》中记载有"东方朔对汉武劫烧之说"，内容是东方朔向汉武帝解释"劫烧"的概念。而"劫烧"是指佛教所言世界毁灭时所遭受的大火，这一传说显示出东方朔对佛教教义的理解，似乎证明佛教当时已传入中土。的确，汉武帝时已通西域，但汉朝使节们是否就确切了解和掌握了西域流传佛教的情况呢？《魏书·释老志》[2]中有如下的记载："及开西域，遣张骞使大夏，还，传其旁有身毒国，一名天

[1] 宗炳（375—443），南朝宋画家，字少文，南涅阳（今河南镇平）人，家居江陵（今属湖北），士族。东晋末至宋元嘉中，当局屡次征他做官，俱不就。擅长书法、绘画和弹琴。信仰佛教，曾参加庐山僧慧远主持的"白莲社"，作有《明佛论》。漫游山川，西涉荆巫，南登衡岳，后以老病，返回江陵。曾将游历所见景物，绘于居室之壁，自称："澄怀观道，卧以游之。"著有《画山水序》。
[2]《魏书·释老志》是中国最早关于佛教历史和思想的全面记载。它的史料价值表现在：（1）它所记载的元魏僧官制度对于研究中国佛教制度的重要性；（2）它是北魏政治与佛教微妙关系的重要资料来源；（3）它所记载的资料对于研究佛教寺院经济的重要性。

竺，始闻浮图之教。"另一方面，《后汉书·西域传》[1]中描述张骞自己回来后只说到天竺国"地多暑湿，乘象而战"，并未提到佛教之事。但按照当时佛教在中亚传播的程度来看，张骞可能对佛教是有所听闻的，但他可能只是将佛陀看作中亚诸神崇拜当中的一员而未予以特别注意。另一件有趣的事是汉武帝时期的"金人"传说，西汉史学家司马迁所著的《史记·匈奴列传》[2]中记载：霍去病大破匈奴并夺匈奴的祭天金人。而后世的《魏书》[3]则根据这一记载认定金人为佛像，是佛教流通中国之始的标志。《魏书》所说也是有一定根据的，汉武帝北击匈奴缴获金人，只是把这些笨重物件放置在甘泉宫边广场上，以镇住匈奴的精气神，使其永世不得翻身。时过境迁，至汉明帝"夜梦金人"之事发生已有150余年，其间爆发了"王莽篡汉"和"赤眉绿林"重大事件，社稷动摇、生灵涂炭；虽有后来的"光武中兴"力挽狂澜，但这些惨痛记忆在光武帝刘秀儿子、现今皇帝刘庄的心里还是挥之不去，他渴望有一个真神横空降世，协助他重新收拾旧山河，以复兴大汉的昔日荣光。所以，汉明帝的梦境不是突发奇想，而是他日夜所思的一种体现。

---

[1]《后汉书》是一部由我国南朝宋时期的历史学家范晔编撰的记载东汉历史的纪传体史书，与《史记》《汉书》《三国志》合称"前四史"。全书分十纪、八十列传和八志（取自司马彪《续汉书》），主要记述了上起东汉的汉光武帝建武元年（25）、下至汉献帝建安二十五年（220）共195年的史事。

[2]《史记·匈奴列传》为《史记》列传中的第50篇，是记述匈奴与中原关系的传文。全文共四段，首段记述匈奴的历史演变及其同中原的历史关系，以及他们的民族风俗、社会组织形态等；第二段写汉朝初年，匈奴与汉朝的和亲关系和反复无常的表现；第三段是本文的中心，记述汉武帝时代，汉朝与匈奴之间长期的以战争为主的紧张关系；第四段记述太史公对武帝同匈奴战争的看法。

[3]《魏书》是北齐人魏收所著的一部纪传体断代史书，是二十四史之一。该书记载了公元4世纪末至6世纪中叶北魏王朝的历史，124卷，其中本纪12卷、列传92卷、志20卷。因有些本纪、列传和志篇幅过长，又分为上、下或上、中、下3卷，实共131卷。

"夜梦金人"的过程亦颇有传奇色彩：公元76年春天的某个夜晚，汉明帝梦见金銮殿上空有一个光明晃耀的金人来回飞翔，他觉得很奇怪，没长翅膀怎么会飞呢？但他感觉心情非常愉悦。这个温暖身心的梦是如此鲜明，使他上早朝的第一句话不是例行讨论国家大事，而是询问大臣谁能解这个梦。学识渊博的大臣傅毅应声而出，娓娓道来：在上古帝王祭天的庙宇里，有一块石碑记载：西方有圣人，圣教千年之后会来到我们中土。陛下梦到的正是历史上记载的这位圣人啊！汉明帝听后十分激动，立刻下令组成12人的使团，由大臣蔡愔带队，前往西方去迎请圣贤。

实际上，佛教入华在汉明帝夜梦金人之前已有征兆，中国需要佛教。《三国志·魏志·东夷传》[1]明确记载，在王莽事件爆发前10年左右，即公元前2年（西汉哀帝元寿元年），大月氏国派遣使者伊存来到中国，经皇家准许后在首都洛阳的宫廷内口授《浮屠经》，博士弟子景卢进行了全程记录，这便是著名的"伊存授经"故事。可以推想，景卢的记录一定被皇室阅读并保存在皇家档案馆内，当然这些文献遗失了，很可能是毁于王莽之乱和黄巾起义的战火。这暂且不论，重要的是它们恰恰是汉明帝想要寻回的事物，随后以"夜梦金人""傅毅解梦"为过门流程，再续上"蔡愔率团""迎请高僧"的故事，给予"白马驮经"历史事件以一个完美的结局。

以上各种佛教传入中国的史料记载，都可看做是扑朔迷离的历史雾霭中闪烁的星光。这些事件是中华文明和印度文明两尊巨大文化身躯碰撞时发出的火花。佛教具体传入中国的年份已湮没在丝绸之路的黄沙中了，但后世不断发现的许多考古证据，让我们强烈感受到佛教初入中国

---

[1]《三国志》是由西晋史学家陈寿所著，记载中国三国时期的断代史，同时也是二十四史中评价最高的"前四史"之一。

时带给人们的心灵震动。

近些年的考古发掘证明，随着中亚地区佛教的传播与佛像艺术的蓬勃发展，东汉末年的中国也出现了许多佛教艺术遗迹，包括最早的佛像。西南地区出土的佛教文物有四川乐山崖墓的佛雕像、彭山崖墓内的陶制佛像等，据专家考证，这些均是东汉时期的作品。东汉中期以后，成都平原周边地区的崖墓随葬品有青铜摇钱树，其中树干上多铸有小型佛像，少数例子中佛像还代替了西王母在顶枝的位置。学者专家将这种汉代盛行的西王母信仰与佛教信仰共存的现象称为"仙佛模式"，表现了佛教初入中国时被民众当作仙界神仙之一的认知。考古证据表明，东汉之前佛教已传入中国，但仍然混迹在民间的世俗信仰中，直到魏晋南北朝时期方才破茧而出，迸发出强大的精神力量。

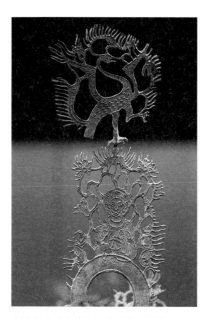

安县摇钱树枝佛像，绵阳博物馆藏

第3节　永平求法的历史意义

"永平求法"的史料真实和历史意义，是两个不同层面的议题，后者牵涉丝绸之路上多种文明交流的复杂问题，其中包含有破解许多悬而未决的历史谜题的启示，我们应引起高度关注。

让我们从回溯西汉获得匈奴"祭天金人"之事说起。视线回到公元前121年（汉武帝元狩二年）的春天，骠骑将军霍去病率万骑出击盘踞陇西的匈奴，发动了著名的河西之战。他率军在极短时间内取得了重大胜利，《史记·匈奴列传》这样记载："过焉支山千余里，击匈奴，得胡首虏万八千余级，破得休屠王祭天金人。"关于"休屠王祭天金人"的记载，还见于《史记》的《卫将军骠骑列传》，并且在《汉书》中亦有相关内容。至于这个"祭天金人"究竟是什么，无论是司马迁还是班固都未曾作进一步描述。由于涉及匈奴人的宗教信仰以及佛教传入中国时间等问题，因此该事件引起后人的各种讨论，其中一个焦点是对"金人"性质的定义，如"佛像"说。此说最早见于北魏崔浩："胡祭以金人为主，今浮屠金人是也。"《魏书》对崔浩的说法加以发挥："混邪王杀休屠王，将其众五万来降。获其金人，帝以为大神，列于甘泉宫。金人率长丈余，不祭祀，但烧香礼拜而已。"这一说法不仅道明了"祭天金人"的由来、性质，对于"金人"个头大小及祭祀方式也作了描述，并由此断言"休屠王祭天金人"就是佛像。当代学者汤用彤先生否认了祭天金人是佛像的假说。早期佛教没有佛像，只以伞盖、菩提树、佛足迹等象征佛陀，世界上最早的佛像产生于公元1世纪左右的犍陀罗地区，之后逐渐传入中国。因霍去病缴获休屠王祭天金人是在公元前121年，因此祭天金人基本不可能是从印度传来的佛像。既然否定了

"佛像"说，一些当代学者又认为"祭天金人"很可能是祆教祭器。他们给出了如下几条理由：首先，在文字学上，"祭天"的"天"其实就与"祆"字有关，"祆"就是"天神"，当时胡人中流行的"祭天"很可能多与祆教有关。从后来匈奴别部羯人信奉祆教来推导，认为之前匈奴诸部具有祆教背景。但事实上，祆教传入中国是两汉以后的事，而且在很长时期只是东来经商的粟特人的内部信仰，发展中国信徒可能是唐代的事了。学界一般认为，祆教因其教规严格之故，要在公元前2世纪传入匈奴并使休屠王虔信不太可能，更重要的是祆教中有不立偶像的传统。

一种新的解释伴随着在新疆出土的一尊希腊战神"阿瑞斯"的青铜雕塑而出现，它展开了一个更为大胆的推测。伴随着亚历山大东征和希腊化王国在中亚地区的兴起，希腊的神祇充斥于中亚大地，游牧中的匈奴部族自然会与其有所接触，特别是匈奴族人骁勇善战，肯定会对希腊战神"阿瑞斯"充满亲近感。如果以这样的推测来看，匈奴的金人极有可能是希腊战神"阿瑞斯"偶像的一个变体。这种推测说明了一个道理：在高级文明相互之间的碰撞交融过程中，亦有高级文明与亚文明、部落文化之间的交汇暗流，它们因没有史书文字记载而被以往的研究所忽略；但在当今跨学科研究，尤其是"图像证史"的新型研究方法中，这些潜在的历史片段正在获得自身的意义与价值，它们为勾画出丝绸之路完整的文明线索作出了重要贡献。

历史真相也许已随着金人的失落而彻底湮灭，或许真实的"金人"只是匈奴部落中原始萨满教崇拜中的一个寻常偶像。但由于霍去病得到它的位置恰好位于东西方文明交流的通道地区，那里早已形成希腊—印度—佛教文明的板块，并十分期待与东方华夏文明的接触，这份历史神思有理由引起后人的延续。正像20世纪伟大历史学家汤因比的说法，他曾发愿，如果允许他自由投胎并可以自主选择时间地点的话，他愿意生活在公元1世纪的中国新疆。正是当时西域—新疆这块土地上所焕发的文明多样性光彩，激发了汤因比先生内心的想象激情。

本章启示：

"永平求法"对我们在人类思想史、精神史的思考方面有哪些启迪意义？

"永平求法"反映了文化交流的伟力，是中土文明在吸收丝绸之路沿线各大文明精髓的一个象征。佛教传入中土，变更了汉语世界的儒道传统，将王道史的武功威权化作一池静水而沉淀在中国人内心。"永平求法"之所以被后人安排在了汉明帝时期，或许是因为绿林、赤眉起义的腥风血雨，将王道史最为暴戾残酷的一面散发到极致的心理反弹，人们厌倦了刀兵残杀的现实而渴求回归到内省境界之中。这种状态恰如几乎同时代一位来自拿撒勒穷人耶稣的理念，他说："所罗门王的全部财富，也抵不上荒野中的一朵百合花。"这种不同宗教间精神价值方面的契合，印证了公元1世纪左右世界范围的信仰浪潮。可以说，"永平求法"对中国的影响，相当于公元前3世纪阿育王派18位高僧天下传道的壮举，当时释利房见秦始皇未竟的宏愿，300年后由贵霜王派出的传道高僧摄摩腾、竺法兰达成，如今怎样评价也不为过。另一方面，中国后世文化的儒释道合流，亦以此为源头。

第十二章

贵霜帝国

Enlightment of Silk Road Civilization

第十二章　贵霜帝国

在轴心时代，丝绸之路上从东向西依次横亘着四大帝国——秦汉帝国、贵霜帝国、帕提亚帝国和罗马帝国。其中贵霜帝国不仅是丝绸之路所有货物的中转站，同时也是弘扬佛法的始发地之一，贵霜君主迦腻色迦组织了佛教史上第四次结集，即著名的"伽湿弥罗结集"，最重要的成果是颁布了向东传法的宗旨，并在传法过程中奠定了大乘佛教的地位。

在公元前后的数百年间，从东亚的太平洋到西欧的大西洋，由东至西，在欧亚大陆上分别横亘着四个大帝国——它们是中国的汉帝国、中亚的贵霜帝国、波斯的帕提亚帝国和环地中海的罗马帝国。四大帝国的疆域广袤、连绵不绝，它们由丝绸之路首尾贯通，构成了中古世界文明的核心地带。四大帝国的强盛直接保证了丝绸之路的安全与文明间交流渠道的畅通，贵霜帝国作为其中的贸易与文化交流枢纽，更显示出其优越的地理条件以及文化的多样性。这种特质自然是受到了地缘因素的影响，我们知道贵霜帝国地处帕提亚帝国和汉帝国之间，其领土范围大致相当于现在中亚的塔吉克斯坦、乌兹别克斯坦、阿富汗东部、巴基斯坦、印度中部和西北部地区，地扼丝绸之路交通要道。作为一个文明单元来看，贵霜帝国的东边是中华文明，北部是西伯利亚的渔猎文化和草原游牧文化，西部是波斯—希腊文明，南部则是悠久的印度文明。这种居"天下之中"的地缘位置为其带来了多元共存、精彩纷呈的文化血质，也注定在这块土地上诞生了人类艺术的瑰宝——犍陀罗佛像的命运，因此对贵霜帝国的研究是我们了解丝路历史乃至人类文明史的重要一环。

第 1 节 大月氏与贵霜帝国

据多方研究与考证，一般认为贵霜帝国的建立者是中国西北古老的游牧民族大月氏人，他们在早期属于先羌的一支，《后汉书》记载，大月氏人的"被服饮食言语略与羌同"。后大月氏人因迁徙而与中亚的印欧种族混血，语言也逐渐从汉藏语系的羌语变为印欧语东伊朗语系的巴克特里亚语，可以说他们是一个涵盖了民族迁徙与丝绸之路的族群。汉代以前，大月氏人活动于甘肃河西走廊的敦煌和祁连山一带，过着像匈奴人一样的游牧生活。这一时期的月氏势力比较强大，曾一度迫使匈奴屈服。根据《史记》记载，匈奴的头目单于曾将自己的儿子即后来的冒顿单于送到月氏做人质。而到了冒顿单于时期，匈奴势力迅速强大，击败了月氏，导致绝大部分月氏人被迫辗转西迁。

西迁的大月氏到达伊犁河流域以西一带，将当地的游牧民族塞种人驱逐。但他们并没过多久的太平日子，就被乌孙王打败，因为乌孙王背后有匈奴老乌单于的支持。于是他们被迫再次西迁。这次走得更远，他们越过帕米尔高原一直到中亚的阿姆河和锡尔河流域方才停下脚步。这一地区位于丝绸之路的要冲，商业贸易十分繁荣，而且自古以来就是肥沃的绿洲农业地带。大月氏在占领这片土地肥美的新领土之后，归顺了巴特克利亚希腊王国，为其戍边。当巴特克利亚希腊王国衰落之后，他们毫不客气地越过阿姆河，占领了蓝氏城，一举结束了巴克特里亚希腊王国的统治。但这时大月氏仍然是分裂状态的，共有五个部落，每部封一翎侯（类似世袭总督）分治，史称"五翕（xī）侯分治"。随着时间的推移，五部翕侯中最强的贵霜部脱颖而出，公元1世纪上半叶，贵霜翕侯丘就却最终征服其他四部，自立为王，仿造希腊王国的样式建立起了统一的王国——贵霜帝国。正如所有帝国在统一后便开始扩张一样，丘就却即位之初便开始向外征服，他西侵帕提亚，南征印度，占领了大片土地。丘就却[1]死后，其子阎膏珍即位，继续推行扩张政策，征服了印度西北和东北部，贵霜帝国进一步强大起来。

在第三代国王迦腻色迦王时期，贵霜帝国到达极盛，其领土范围最大时北抵阿姆河、锡尔河流域，西至伊朗高原，南部伸展到中印度的温迪亚山，东部与葱岭和中国西部边疆接壤。在他的统治时期，整个帝国经济发达、城市兴盛，公共工程及文化活动也达到了顶峰。迦腻色迦王去世不久，贵霜帝国在中亚的势力土崩瓦解，加上萨珊波斯和嚈哒人的入侵，以及北印度属国的独立，到公元3世纪时，贵霜帝国已分裂成许多小国。4世纪末，它逐渐被各地区的政治势力所取代而消失在历史的尘埃中。

在贵霜帝国辽阔的疆域中，散布居住着多个民族，各种语言文字和宗教信仰并存，因此帝国统治者在宗教、文化方面采取兼容并蓄的方针，巧妙利用帝国在丝绸之路中的枢纽地位，通过不断加强东西方文化、经济的交流与融合来巩固国家的稳定基础。最典型的例子是贵霜帝国对亚历山大东征后遗留下来的希腊化文明因素的继承与弘扬，以及对佛教信仰的接纳与传播。

第2节　迦湿弥罗结集

贵霜帝国在迦腻色迦王的统治时期达到鼎盛，同样繁荣的局面也体现在信仰与文化层面，尤其是迦腻色迦王对弘扬佛教所作出的贡献。他把一批出色的佛教学者招揽至身边，有胁尊者、世友、众护、马鸣等，

---

[1] 丘就却（Kujūla Kadphises Ⅰ，？—约75年），一作"丘就劫"，贵霜王国的创立者，即迦德菲塞斯一世（约15—65年在位）。

对佛教义理展开深入的研究。在此基础上，他于公元78年亲自主持了佛教历史上的第四次结集，正是通过这次结集，佛教完成了佛经从口口相传到文字记录的重要转变。另外，迦腻色迦王在富楼沙修建了大讲经堂，兴建了大量佛塔和佛教寺庙，将犍陀罗佛像艺术进行了在地化的改造与融合，为的是更广泛地传播。在随后的几个世纪里，贵霜化的犍陀罗佛像艺术从阿富汗喀布尔沿着白沙瓦谷地流传进入旁遮普和塔克西拉的广大地区，同时也经过丝绸之路传播到西域，甚至中国北方的广大地区。人们通过图像来宣传大乘佛教教义，以充满希腊写实技巧和佛像雕刻来展示佛陀与菩萨的风采。

以上所有传道事工的核心动力，皆源于佛教史上的第四次结集，也被称为"迦湿弥罗结集"[1]。

顾名思义，这次结集的地点在迦湿弥罗，该地在中国汉朝时被称为"罽宾"，魏晋南北朝时称为"迦湿弥罗"，隋唐时代则改称为"迦毕试"，它就是现今的克什米尔。此次结集源于迦腻色迦王对佛教的虔敬，据记载，他平时喜欢阅读佛经，每天都请一位高僧入宫说法。由于这些僧人分属于不同派系，所持见解各不相同，这使迦腻色迦王产生了不少疑惑。于是他采纳胁尊者的建议，下旨召集各地高僧在迦湿弥罗结

---

[1] 梵语"samǧíti"，巴利语同。又作"集法、集法藏、结经、经典结集"，乃合诵之意，即诸比丘聚集诵出佛陀之遗法。佛陀在世时，直接由佛陀为弟子们释疑、指导、依止等。至佛陀入灭后，即有必要将佛陀之说法共同诵出，一方面为防止佛陀遗教散佚，一方面为教权之确立，故佛弟子们集会于一处，将口口相传之教法整理编集，称为结集。相传系于佛灭400年举行。在迦腻色迦王护持下，会集迦湿弥罗国之五百阿罗汉，以胁、世友二人为上首，共同结集三藏，并附加解释。当时所集论藏的解释即现存之《大毗婆沙论》，故又称之为"婆沙结集"。此次结集，载于《阿毗昙毗婆沙论》序、《婆薮槃豆法师传》《三论玄义》《大唐西域记》卷三、《大毗婆沙论》卷二百、《大慈恩寺三藏法师传》卷二等书，然而印度诸论及南传佛典皆未记载。另外，南传佛教将19世纪在斯里兰卡举行的五百僧人结集，作为第四次结集。该次结集首次将巴利语三藏辑录成册。

集教法。数千高僧听命云集而来，经过国王的层层选拔，最终选出500名高僧在高僧世友的主持下进行教法大讨论。这次结集对佛教的经、律、论三藏做出了最完备的汇编与注释，共得30万颂、960万字。迦腻色迦命人在赤铜铸成的薄片上镌刻结集好的经论，并用石匣封住，建塔密藏，并令药叉看守。自从这次结集之后，迦湿弥罗（罽宾）成为佛教圣地，尤其在中国佛教界的心目中，从罽宾来的僧人才是权威的高僧；若西行求法，不去罽宾就不能求得正果。这些既定因素在鸠摩罗什、法显等一代高僧那里皆有体现。

另一方面，也正是因为迦湿弥罗结集，大乘佛教的教义更加成熟，最终成为深刻影响东传佛教的主导思想。这些思想可归纳为以下几点：首先，大乘佛教以佛为神，且认为佛具有不同化身和无边法力，并主张三世十方有无数佛，这种思想对佛像艺术的产生起到了直接作用。其次，大乘佛教认为，只要诚心念佛就可以超脱轮回。佛教徒也可以做居士，照常过家庭生活，照常营业，只要乐于布施，就算修了功德，而不必独自苦修。最后，大乘佛教认为众生平等，只要悟彻教理，人人皆可成佛，不仅要自救，而且要度人，即所谓的"普度众生"。大乘教义主张佛教徒参与世俗生活，要求信佛者深入众生，救度众生，以成佛救世、在现世建立佛国净土为目标。

扼丝绸之路要冲的贵霜帝国为佛教吸收多种古代精神文化资源提供了舞台，这也促使了更具有普世性的大乘佛教的诞生。正如美国学者斯塔夫里阿诺斯[1]所言："由于大乘佛教从强调修道生活、苦行主义和默祷改为注重施舍行为、虔诚信仰和灵魂救赎，所以对非印度民族来说，它比小乘佛教更合口味。"大乘佛教在融合各种文化的层面上来说确实"大"了许多，它兼容并蓄了许多佛教产生以前的流行思想。另一位学者霍普夫这样评论道："当小乘佛教对于释迦牟尼的正统理解限制了它对其他宗教团体的吸引力时，大乘佛教公开运用更为传统的宗教观念，大大增强了它的吸引力，最终发展为世界上最为成功的宗教。"另一方面，大乘佛教的兴起改变了东亚的文化格局，这种文化间的传播关系呈现为：贵霜帝国向南汲取佛教文化，通过自身的融会贯通之后，再向东传播；而面对西方，贵霜帝国则展示出了另一种文化姿态，这便是对希腊化要素的学习与吸收。

第3节 文明交会的十字路口

根据史料记载，贵霜帝国的货币铸造业相当发达，其铸造方法和风格，不仅有希腊人的遗风，而且还包含印度与中亚的特色。铸币一般正面为国王的半身像，反面为神像，并配上一段铭文。比如，贵霜帝国的创建者丘就却时期，曾发行两种类型的货币：第一种，正面是头戴王冠的巴克特里亚国王赫尔玛尤斯的半身像，希腊文钱币铭文写着"伟大的君主赫尔玛尤斯"；背面是希腊的大力神赫拉克勒斯立像，铭文是佉卢

---

[1] 勒芬·斯塔夫罗斯·斯塔夫里阿诺斯（希腊语原名"αριστερά Σταύρος Σταυριανός"；英译"Leften Stavros Stavrianos"，1913年—2004年3月23日），希腊族、美国学者、教授、历史学家，出生于加拿大温哥华，毕业于不列颠哥伦比亚大学，在克拉克大学获文科硕士和哲学博士学位；曾任美国加利福尼亚大学历史教授、西北大学荣誉教授和行为科学高级研究中心研究员。斯塔夫里阿诺斯博士曾因杰出的学术成就而荣获古根海姆奖、福特天赋奖和洛克菲勒基金奖。

文写就的"贵霜翕侯丘就却"。第二种，正面是头戴王冠的赫尔玛尤斯的半身像，希腊铭文却写成了"贵霜丘就却"；背面是赫拉克勒斯立像，佉卢文铭文为"贵霜翕侯丘就却"。根据考古发现，丘就却的钱币曾广布于西北印度，特别是犍陀罗地区发掘有大量的这两种钱币。但因丘就却尚未统一全国时，辖地以犍陀罗地区为中心，并依附于巴克特里亚王国的末代君主赫尔玛尤斯，因此在钱币上体现出这种依附性。

贵霜帝国的钱币之所以有希腊遗风，除了帝国初期政治上对巴克特里亚希腊王国的依附，更重要的是两者在文化上的认同，这要从希腊化时期的"希腊式钱币"说起。有学者以亚历山大东征为界，将此前的钱币称为"希腊钱币"或"希腊古典钱币"，其后的钱币称为"希腊式钱币"或"希腊化钱币"。后者除希腊化时期希腊—马其顿统治者发行的钱币外，也包括西亚、中亚、印度等地非希腊人统治者所发行的具有希腊化钱币基本特征的钱币。这些钱币的共同点是：由统治者本人发行，上面有国王的形象、名字、称号和保护神，表明是某某国王的钱币，体现的是王权神授和帝王独尊的观念，而且都是多元文化混合的产物。可以说，贵霜帝国的钱币正是希腊化钱币中的一种。

那么，这种形制的钱币是怎么来的呢？最早的带有君主头像的钱币由亚历山大的父亲腓力二世发行，亚历山大于公元前330年开始铸造自己的钱币。这些钱币按图形可分为两种：一种是雅典娜或胜利女神尼科型，正面是雅典娜头像，戴头盔，面右；反面是尼科全身站立像，面左。另一种是赫拉克勒斯或宙斯型，正面是赫拉克勒斯头像，戴狮头盔，面右；反面是宙斯面左而坐，左手持权杖，右臂托鹰。铭文有"亚历山大"和"王"的希腊语字符。那时，米利都、西顿、亚历山大里亚、巴比伦都是这类钱币的主要铸造地。亚历山大以希腊神作为他发行钱币的图案，原因可能是他自认为是希腊神宙斯和赫拉克勒斯的后裔，以他们的形象表明自己统治的合法性和神圣性。

亚历山大去世后，他的部将都以亚历山大的继承人自居。将亚历山大神化，发行带有他头像的钱币就成了抬高自身地位的手段。比如，从公元前318年起，统治埃及的托勒密一世首先在孟菲斯发行了一种正面有亚历山大头戴象头皮盔的钱币，纪念亚历山大在印度的胜利。国王头像出现于钱币正面这一希腊式钱币的基本特征由此确立。后来的希腊化王国诸王纷纷仿效，他们不仅继续发行具有纪念意义的亚历山大钱币，也开始制造有自己头像的钱币。再后来，游牧民族国家在希腊化王国的故地上纷纷建立，这种特殊的地理政治环境提供了希腊式钱币继续使用和广泛流通的可能。

大体上，希腊式钱币有两条传播路线：一个是以帕提亚为中心的地区，另一个是以巴克特里亚为中心的地区。这两地都是亚历山大及塞琉古王国的故地。前者影响了安息、萨珊波斯和阿拉伯帝国初期的货币，后者则影响了印度—希腊人的小王国、贵霜帝国以及先后进入这一地区的塞种人、嚈哒人、柔然人等游牧民族的钱币；甚至，中国新疆地区的"和阗马钱"也与此有关。

当巴克特里亚希腊王国为大月氏人所取代之后，希腊人残部退往印度西北部。此时的希腊人在当地属于少数，且经过数代通婚，纯粹的希腊人后裔已寥寥无几。为了维护对当地人的统治，这些印度—希腊人加快了与当地文化的融合，其特点正是钱币中所显示的样子。这时的钱币一面是希腊文，一面是印度佉卢文，语言不同，意思一致，后者基本是前者的翻译。除此之外，这种钱币上的图案还吸收了佛教文化因素和印度的动物形象。

大月氏人虽然在军事上征服了希腊人的大夏王国，但最终却不得不接受当地先进的希腊化文化以及波斯文化、印度文化的影响。贵霜钱币基本上保持了希腊式钱币的特征，正面的国王头像仍然扎着亚历山大式头带；但也有国王骑象，或手持权杖站立，或向一小祭坛献祭的图像。反面有骑手像，也有坐着的赫拉克勒斯，或手持丰饶角的伊朗的大地女神，中亚的月亮女神，印度的湿婆、公牛，波斯的娜娜女神、风神，佛教的佛陀以及箭、雷、电等图像。这其中带有佛陀形象的金币则直接促成了佛像的形成和发展。此外，金币上的铭文有希腊语，也有佉卢文或婆罗密文。贵霜时期的钱币显然是多种文化的混合体，希腊、波斯、印度，甚至罗马的因素都有所反映。这是由贵霜人所处的地理环境和文化传统，以及公历纪元前后的东西方政治格局所决定的。通过追溯贵霜帝国的钱币与希腊钱币的亲缘关系，我们可一窥丝绸之路上文化交流的景况。

　　总起来看，贵霜帝国作为中亚文明环岛（汤因比语）上的重要国家，它自产生到消失都伴随着文明交融的因素。他们的祖先诞生于遥远的东方，披荆斩棘，一路西迁，到了中亚后，又吸取了来自泰西的希腊文化。在信仰上，他们皈依了南方而来的佛教，又将其教义反哺回他们东方的祖地。这种动荡之间的交流与融合只是丝路景观的一部分，而正是这些若断若续的文明单元，共同铸就了波澜壮阔的丝路历史。

本章启示：

1. 通过贵霜帝国钱币和希腊钱币的关系，我们可以得到哪些启示？

希腊钱币代表地中海文化域的美学观念与造型特征，而贵霜帝国钱币则显示出文明扭结点的特征—希腊、波斯、印度、西域、草原多维交错的混合风格，对于当代文明互为镜像的后现代艺术史研究有相当重要的意义。

2. 面对东西方，贵霜帝国为什么会展示出不同的文化面貌？贵霜帝国对东西方经济文化交流与融合的成就对当代国际间经济文化交流有何借鉴之处？

贵霜帝国的多样文化面貌，来自他们所处的地理位置与迁徙路线。贵霜帝国的主体民族大月氏人，原本是逐水草而居的游牧民族，中原王朝称之为"北胡"。他们受匈奴人的驱赶，越过青藏高原迁徙到中亚、两河流域与印度河流域，受到希腊、波斯、印度等文明的强大影响，再加上原来中土文明的因素，所以呈现出多样化面貌不足为怪。

3. 文化包容性强的贵霜帝国在钱币的制造上体现出多种文化混合的特点，反映出古代丝绸之路的文化交流盛况，那么它对当代丝绸之路纪念币的设计有何指导和借鉴意义？

贵霜钱币的设计理念很单纯，一面是佛陀形象，代表佛理与佛法，另一面是祭坛前的迦腻色迦王，代表拜火教与王道，显示月氏人接受了希腊、波斯、印度的思想；在形式方面，币面凸起雕镂的造型厚重稚拙，体现出草原民族的自由天性，而其血质深处则洋溢着对高级文明的崇尚。这种东西方文明交融的后现代混搭风格，可为当代丝绸之路纪念币设计思路提供历史参照。

第十三章

鸠摩罗什传奇

Enlightment of Silk Road Civilization

第十三章 鸠摩罗什传奇

在佛教史上，鸠摩罗什是一个重量级人物。他的身世血统高贵，经历奇特不凡。鸠摩罗什不仅翻译了大量佛教经典，而且还将印度和中亚的法王传统传递至中土；他和前秦王苻坚，后秦王姚苌、姚兴之间的故事，亦成为高僧与法王在中土的传奇佳话。

第1节 龟兹古国与罽宾佛国

在人类文化交流史中，最重要的是不同文明之间的思想碰撞和精神传播，主要是依靠文字与书籍。就中国历史而言，在魏晋南北朝时期曾兴起了大规模的佛经翻译运动，在这个时期，大量的原典佛经被翻译成汉文，大大地促进了佛教在中原的传播，为塑造当今中国文化的格局起到了重要的推动作用。这一规模宏大的译经运动完全可媲美将《圣经》从希伯来文、希腊文翻译成拉丁文的艰难过程，以及10世纪到12世纪的阿拉伯百年翻译运动，它们共同为人类文明的传播与发展奠定了基础。正是在这思想精神风起云涌的时代中，一位伟大的僧人应运而生，他便是鸠摩罗什。鸠摩罗什的高贵血统和奇特的人生经历，使他不仅拥有卓越的佛学造诣，而且对阿育王、迦腻色迦王践行的"法王理念"有着深刻理解。他进入中土后历经波折而荣辱不惊，在为十六国乱世注入缕缕慈悲的同时，书写了入华传道高僧最惊人的传奇。

鸠摩罗什的家族身世非常重要，它不仅是古代精神灵感超时空传递的珍贵案例，而且也是解释他传奇人生的唯一途径。根据史料记载，鸠摩罗什祖籍印度，其家族出身最高等级婆罗门，世代担任国相。他的祖父鸠摩达多为一代名相，史籍描述"偶傥不群，名重于国"。他的父亲叫做鸠摩罗炎，天赋异禀，本应该继承相位，却突然立志修行，如同当年的乔达摩·悉达多太子。为此，鸠摩达多决定提早把相位传给儿子，以家族责任断其出家念头。鸠摩罗炎知道后，在一个寂静的夜晚离家出走，到寺里受了具足戒，成为一名庄严的比丘。但他还是担心自己性情温和扛不住父亲的固执己见，遂决定远走千里之外的佛国龟兹。龟兹国王白纯听说鸠摩罗炎舍弃荣华富贵毅然出家，十分敬仰，亲自把形容憔悴但气质高雅的鸠摩罗炎迎请入宫，热情款待，三天后自作主张宣布罗炎担任国师。罗炎拗不过年轻气盛的白纯国王，暂留宫中。这时真正的戏剧拉开帷幕。白纯国王的妹妹耆婆公主，是一位美丽聪慧的女子，从小慕名求婚者络绎不绝。但她自小慧根充盈，深居简出，除在庭院散步之外，都在阅读佛国经文，并成为一名年轻的比丘尼。当耆婆公主在宫中见到鸠摩罗炎时，被他的器宇不凡与温文尔雅所吸引；而国王正好想找一个正大光明的理由将鸠摩罗炎留在龟兹国，于是就大力撮合两人达成婚姻。他费尽口舌去除男女双方的心结，经过数天说服工作，耆婆公主因为本来就有爱慕之情，基本问题不大，唯有罗炎思想未通。白纯情急之下大声说道："出家后难道不可以还俗吗？娶妻之后难道就不能再读经吗？"罗炎一时语塞。这个问题看似简单寻常，实际上是一个对于佛教义理解读的重大命题，当时在葱岭南北各有各的理解。鸠摩罗炎无法彻底回答，只得勉强同意。这也使得一代高僧鸠摩罗什有了来到世间的机缘。

公元344年，鸠摩罗炎和耆婆公主爱情的结晶鸠摩罗什出生了。传说耆婆公主怀孕期间曾多次去龟兹以北的雀离大寺礼佛。一次，她在雀离大寺听一位天竺来的高僧用天竺语讲经时，公主禁不住用流利的天竺语提问，在座众人十分惊讶。寺内的达摩瞿沙法师窥破天机说："这一定是怀有大智慧之子的缘故。"见众人似乎不解,他又继续解释说:"舍利弗是佛陀座下智慧第一的大弟子,据说他母亲怀孕时,变得智慧过人,连婆罗门中最有名的雄辩家梵志都辩不过她。只是舍利弗降世以后,他母亲又恢复到原先的样子。"大家听后都为耆婆高兴,公主自己也很欢悦,她欢悦的是佛法无边,这也是鸠摩罗什命中成为伟大译经家的征兆。在鸠摩罗什7岁时,鸠摩罗炎和耆婆公主的第二个儿子弗沙提婆夭折,丧子之痛使耆婆陷入深思:自己虽为母亲,却也无法改变弗沙提婆的命运,在生死聚散面前,人的力量何其渺小。世间的一切,荣华、权力、富贵、欢乐,皆无法长久。公主断定自己的俗世缘分已绝,决定出家。在说服丈夫后,为念及年幼的鸠摩罗什,耆婆一开始没有立即住进寺庙,而只是在家中修行。也许是天意难违,年仅7岁的罗什告诉父亲,自己要和母亲一齐出家。深明佛理的鸠摩罗炎抚摸着儿子的头说:"你就随你的母亲去吧。"从此以后,母子两人开始了异常艰难的佛学生涯。这种艰难是他们自找的,因为耆婆公主想杜绝龟兹国民源源不断的供奉,所以立志到遥远的罽宾国去跟随盘头达多大师学习佛法,一方面可以过真正的出家人生活,另一方面可以让罗什经风雨见世面。

鸠摩罗什跟随母亲翻越崇山峻岭到达罽宾,目睹并亲身感受了西域呼啸的风沙、中亚辽阔的草原、帕米尔高原的巍峨壮丽、克什米尔雪山的晶莹高远以及千百年来古代文明的遗迹。这些都给鸠摩罗什留下了深刻印象,他在冥冥中领悟到以往高僧大德的精神定力的来源,同时也理解了300年前迦腻色迦王在罽宾国的伽湿弥罗举行第四次结集的缘由。从此,流传该地的法王理念也深深浸染着少年鸠摩罗什的心,并伴随着他的长大而成长。他在师从盘头达多大师时,学习了梵语和小乘佛教;三年后鸠摩罗什又随母亲回到龟兹,跟随名僧佛陀耶舍学习《十诵律》和大乘佛教的其他许多重要经典。

这时的鸠摩罗什已经声名卓著，不仅名扬西域各国，而且盛名远播长安。公元378年，前秦凉州刺史遣使入西域弘扬前秦威德。西域的大宛国献出汗血宝马，前秦皇帝苻坚效法汉文帝拒绝了汗血宝马，但却非常想迎请鸠摩罗什，因为当时民间流传一句话："得罗什者得天下。"公元382年，苻坚派遣骁骑将军吕光率军征讨西域，临行前他特意嘱咐吕光一定要将鸠摩罗什带回长安。次年，吕光攻破龟兹国，得到了鸠摩罗什。公元385年3月，吕光率部班师，途中闻前秦淝水战败，苻坚被杀，长安处于危险之中，遂决定占据凉州（今甘肃武威），驻兵割据，

克尔孜石窟图

独立建国。这个政权便是史书中所记载的后凉国，因此，鸠摩罗什也随着吕光留在了凉州。但吕光父子是一介武夫，不懂佛法义理，而是将鸠摩罗什作为普通术士相待，并多有侮辱之举，鸠摩罗什的抱负与才学无法施展。曾为前秦国朝臣的姚苌倾心佛法，他在前秦国的废墟上建立了后秦国，非常希望鸠摩罗什能够去长安弘法。终于在公元401年即后秦弘始三年，后秦国在击败了后凉国后，姚苌之子姚兴将鸠摩罗什迎请至长安，待以国师之礼。

在长安，鸠摩罗什可谓如鱼得水，他得到了皇室的大力支持，能够随心所欲传授佛法、规劝君王、点化众生，同时还从事大量的译经工作，直到后秦弘始十五年四月十三日，即公元413年去世，鸠摩罗什走完了他传奇的一生。

第2节　逍遥园译经道场

鸠摩罗什的前半生处于一个学习和行走的阶段，在这个阶段，他辗转万里求学，在身体磨砺和佛理精进方面都有了极大的提升，尤其是在行走体验中，印度、中亚的佛寺圣地以及雄伟磅礴的自然景观，将更为崇高精神的印记镌刻在鸠摩罗什的心中，正如摩西当年在旷野中寻找圣迹一样。而鸠摩罗什的后半生，他迎来了人生中的顶峰，他不仅传道、译经成就斐然，而且将源自印度和中亚的法王精神带入中土。这一辉煌离不开一个人的成全支持，他就是后秦国皇帝姚兴。

姚兴是羌族人，他在位22年，是五胡十六国中少有的英明君主。在姚兴的统治下，后秦国成为北方诸国中最为强盛且治理有方的国家。他击败西秦、消灭后凉，以关中为腹地，占据了大片领土，包括今天陕西大部和甘肃、宁夏、山西的一部分。姚兴重视文治教化、尊重高僧大儒。当时许多儒家学者皆在长安收徒讲学，其追随者数以万计，致使长安学者踊跃，儒风遂盛。姚兴能与学者平等论道，并为书生内外游学提供方便，表现出少见的豁达开明风度。这种品质同样也反映在对佛法的推崇之上，他兴修佛寺，组织佛教道场进行大规模译经。这种行为或许与姚兴的少数民族血质有关；他们相比汉族君主来说，对认定的宗教信仰更加具有热情，更加愿意积极行动。

正是姚兴对佛教的热忱和开明的统治方式，让鸠摩罗什看到了留存自己心中的一个愿望，那就是通过护法名王而开辟一个慈悲国度。鸠摩罗什弘法的一个重要途径是译经，而姚兴对鸠摩罗什在译经方面的帮助，无论从规模、强度还是参与的深度而言都是空前的。首先，姚兴特地为鸠摩罗什建立了国家翻译道场——逍遥园与大寺，使译经有了

西安草堂寺

安静开阔的工作环境。《晋书》中有记载，姚兴"起浮图于永贵里，立波若台于中宫"。姚兴还帮助鸠摩罗什罗织了一大批国内一流的名僧为译经助手，人数达数百甚至上千人，史载，"三千德僧同止一处，共受姚秦天王供养"。在这一政策支持下，北方佛教界的精英几乎尽数聚集在此。这些助译者不仅在语言文字上帮助润色校订，而且在经义上融会贯通。更令人惊奇的是，姚兴本人还亲自参与译经。《高僧传》中曾描写鸠摩罗什拿着梵文原典、姚兴手持旧经互相校对的场面。姚兴还著有《通三世论》，体现了对佛学的认真思考与研究。正是姚兴的身体力行，长安迅速成为当时全国的佛教学术研究中心。姚兴还设立了僧官制度，从制度层面上规定了译经和弘扬佛法的重要性。根据记载，最高僧官是僧主，也称僧正，僧正之副为悦众。在僧正、悦众之下办理具体事务的僧官为僧录。虽然后来晋代也有僧官机构，但是后秦国建立的僧官制度体系最为完整。僧官制度的设立，提高了僧人地位，也为传播佛法事业提供了源源不断的后备人才。这些行为可以看作是阿育王弘法事业在远东的翻版，虽然历史环境和文明特征不同，但其惠利苍生的初衷愿景是一致的。

关于鸠摩罗什，不得不提起他译经的伟业。我们知道，佛教在两汉之际传入中国，真正开始翻译佛经则在汉末。但是早期翻译的佛经不仅词语不规范，而且许多重要的经典没有翻译出来。与前人相比，鸠摩罗什翻译佛经的优势十分明显。鸠摩罗什是一位语言天才，他的梵文水平极高，并知晓西域其他语言。他在凉州滞留的16年间又学会了汉语，种种迹象证明他是一位空前绝后的翻译大师。

鸠摩罗什在长安译经10余年，共译出佛教经论35部294卷。如果按翻译的目的来看，大致可分为两类：一类是应长安僧俗的要求，新译或重译的佛典；另一类是鸠摩罗什侧重弘扬的龙树、提婆的中观学派的代表论著。如果按佛典的内容来看，又可以分为四类：首先是大乘经论，鸠摩罗什所译的《般若经》《法华经》《大智度论》《中论》《百论》《十二门论》等大乘空宗的经论为隋唐佛教的天台宗、三论宗的创立提供了最重要的经典论据和思想基础。其次是小乘经论，鸠摩罗什译出的《成实论》，是由小乘向大乘空宗过渡的著作，后来在此基础上又发展出成实论学系。再次是大小乘禅经，鸠摩罗什译出的大乘《坐禅三昧经》，对于后来禅学的流行作用很大。最后是律典，鸠摩罗什译出的《十颂律》《四分律》都成为中国佛教律学的基本依据。

并且，鸠摩罗什翻译的佛经还有如下特点：其一，他所翻译的佛经中心突出，整体感强。我们可在鸠摩罗什的译经中看出，他所弘扬的主要是根据般若经典建立的龙树菩萨一系的大乘学说。其二，他注重质量，宁缺毋滥。鸠摩罗什自幼开始研习佛经，而且善于辨析义理。相传他在译《十住经》时，由于对该经不十分熟悉，于是迟迟没有动笔，后来将老师佛陀耶舍请到长安，经过与他交流学习，彻底弄懂了经文义理之后，才动笔翻译。就翻译的质量而言，鸠摩罗什的翻译水平在中国翻译史上是前所未有的。

正是因为翻译出的佛经重点突出、包含广泛，以及译经工作中一丝不苟的审慎态度，鸠摩罗什的译经才流传至今；他本人也成为中国佛教史前期著名的佛学大师和译经大师，在西域诸名僧中最受中原人士的欢迎和尊敬，其历史地位只有唐代的玄奘法师可以相比。当然，鸠摩罗什主持翻译的佛教经典后来广为流传，除了佛经本身的质量外，还在于其翻译活动中所潜藏的丰富文化内涵。

比如鸠摩罗什在译场开创了自由讲学之风，这不仅有利于中国佛教的进一步发展，更带给整个学术界一种新的方法和新的精神。鸠摩罗什的翻译场所既是翻译机构，又是教学和研究机构。他本人既是翻译主持者，又担任经典讲解者和讨论主持人。参与者不仅能够听讲，还可以质疑和讨论。如此看来，译经又是大规模的研讨会，译场则更像一个博采众长的大学院。

在文学和语言上，鸠摩罗什翻译的经典具有高度水平，对中国文学和语言的发展作出了重要贡献。鸠摩罗什翻译了一批属于文学类的佛典，如《大庄严论经》是优秀的譬喻文学作品集。他翻译的《法华经》《维摩经》《阿弥陀经》等被视为佛教文学的杰作。胡适曾高度赞扬鸠摩罗什的译法："在当日过渡的时期，罗什的译法可算是最适宜的法子。他的译本所以能流传1500年，成为此土的'名著'，也正是因为他不但能译得不错，并且能译成中国话。"可以说，鸠摩罗什的译经，不只做到了"信"，也做到了"达"和"雅"。他不仅全面介绍了当时印度佛教大乘、小乘的重要典籍，使得中国人更全面地认识、接受印度佛教，而且还在译经方法、制度等方面树立典范，为中国佛教的进一步发展奠定了坚实的基础。他注重介绍外来佛教新的理论成果，特别是全面介绍当时代表大乘思想最高水平的中观派学说，提高了中国佛教的学术水平。另外，他翻译佛典时注意适应本土文化土壤并加以变通，这是促进外来佛教"中国化"的重要手段；他和他的弟子开始把纷繁复杂的外来佛教教理整理出一个系统，从而为以后中国佛教各学派、各宗派的建设开拓了道路；他更培养出一批人才，其中僧肇、竺道生最为杰出，他们的学术成就对于后来中国佛教发展具有决定性的影响。

总之，鸠摩罗什的贡献与后秦皇帝姚兴的支持是分不开的，也可以说是姚兴一心向佛的精神成就了与鸠摩罗什的善缘。而鸠摩罗什则从姚兴的身上看到了印度和中亚的那些诸多法王的身影，并激发了他潜藏于内心当中引导君王、善施教化的心愿。正是这两者的合力，成就了鸠摩罗什的盛名，谱写了一段帝王与高僧的佳话。

第3节　罗什吞钉明志

鸠摩罗什的个性，集母亲的刚强决断与父亲的隐忍柔韧于一体，再加上他自己独特的人生磨砺，从而形成跨印度、西域、中土的综合气质，"罗什吞钉"的故事最能说明这些。姚兴尽管是一代法王，但他还是有一些难以割舍的世俗观念，尤其是中国儒家"不孝有三，无后为大"对他影响很大。姚兴一方面赞赏鸠摩罗什的惊人才华，一方面又为罗什是僧人而不能娶妻延后而感到可惜，甚至还夹杂着一点私心，期望鸠摩罗什的子嗣能够帮助姚秦长久坐稳江山。于是他送大师10位美女，对他施以还俗的压力。鸠摩罗什审时度势，从弘法译经的大局出发，勉强接受，从此搬出寺院另行居住。见到大师这样做，许多不明就里的僧人纷纷效仿，开始接近女色、破戒纳妻。鸠摩罗什不动声色但内心焦灼。一天，大师召集所有僧人围坐在一张桌子前，上面放了两碗水，水中盛满了明晃晃的绣花针。大师当众吞下一碗针，然后神色凝重地说：谁若能吞下另一碗针，就可以娶妻生子。僧人们面面相觑，此时方才理解大师的苦心与境界。实际上这对大师来说已经不是第一次磨砺，早在吕光率军破龟兹之后，出于对佛教信仰的好奇与轻慢，就曾逼迫鸠摩罗什娶龟兹王的女儿为妻。鸠摩罗什当然不肯，士兵用酒将罗什灌醉，然后把两人关在一个密闭的房间里，迫使他们发生关系。经过这样的难堪，罗什并未从此消沉，而是一如既往地钻研佛学义理，人们不得不钦佩大师的宽广胸怀。

鸠摩罗什在长安成功之后，由于正值佛教诸多学派风起云涌，小乘、大乘、禅学各执一词的时代，因此显赫一时的鸠摩罗什道场不免成为佛教界人士议论的焦点。在大师即将圆寂前夕，为证明他主持翻译的经论准确无误，大师在众人面前发下誓言："若是我翻译的经文没有差错，我的尸身焚烧后舌头不会焦烂！"果然大师圆寂火化后舌根不烂，化为"舌舍利"。这也是世界上唯一的三藏法师舌舍利子，被供奉在陕西西安的草堂寺内，据信众传说，当后世的人们路过时，仿佛还能听到大师喃喃的诵佛之声。

"罗什吞钉"的典故，实际上反映了一股精神潜流：佛教入华过程中，在个体生命层面上的性格转化。佛教从当初向全世界传道时的当面论辩、现场坐化到东传路途上的兼容并蓄、收放自如，经历了一个从刚性转化成柔性但又不失坚韧的过程。这种转化造就出中华民族的新型性格——刚柔并济、韧劲十足，尤其在中华民族的上升期，这种性格体现出很大优势；但随着儒道释思想的逐步衰落，这种刚柔并济的民族性格发挥优势的空间越来越小，最后逐渐被负面的因素覆盖。这一历史衍变过程令人深思。

鸠摩罗什王舍利塔

总起来看，关于鸠摩罗什的所有故事都是他自身生命历程的写照。鸠摩罗什本人具有印度、中亚与西域的混合血统，这种早年生命记忆在他丰富的游学经历中不断升华。我们唯有洞悉鸠摩罗什的生命密码，才能从枯燥的文献材料中跳脱出来而站在一个更为广阔的文化层面，看清佛教文明如何经过广袤西域而与中华文明整合；这个过程虽然艰难曲折，但终于结成善果，经典被转译、佛法被弘扬。还有一个被今人忽略的文化事件：来自印度、中亚的阿育王、迦腻色迦王及弥兰陀王的法王事迹，为西域国王和中国君主们广开善缘的行为提供了精神标杆。

本章启示：

当代文化传播可以从鸠摩罗什的传道事迹中得到哪些借鉴？

鸠摩罗什以"上知天文下知地理"的学识、善解人意的通达、能言善辩的口才、循循善诱的劝导以及伸屈自如的隐忍，在凶险复杂的环境中坚守理念。他将亚历山大东征时的高僧阿喀亚那、阿育王时期的高僧瞿陀、弥兰陀王时期的那先比丘等高僧大德的东方智慧，发展到一个前所未有的高度。如今，我们应仔细研究佛教文化善于与其他文化融合的特性，以及先秦诸子百家"和文化"的理念，梳理出两者的内在同构性，将其作为东方文艺复兴的精神资源，并在中国精神文化沿"一带一路"走向世界的过程中发挥作用。

第十四章

乐尊敦煌开窟

Enlightment of Silk Road Civilization

第十四章　乐尊敦煌开窟

敦煌莫高窟是闻名世界的佛教艺术宝库，历经千余年营造过程，不仅有琳琅满目的壁画与彩塑，还有卷帙浩繁的敦煌遗书和古籍善本。这里曾是东方古代文明的集中地和富藏地，尤其是其中所包含的丝绸之路上多种失落文明的要素，以往并未得到充分认识。只有在"人类命运共同体"的理想成为21世纪人类社会的共同愿景时，敦煌才能成为东方文艺复兴的出发地，乐尊和尚当年看到的山顶灿光才能重新绽放。

第 1 节　三危山与乐尊开窟

敦煌莫高窟，又称"千佛洞"，它坐落于中国甘肃省的敦煌市，位于河西走廊的最西端。莫高窟是世界上现存规模最大、内容最丰富的佛教艺术圣地，不仅有琳琅满目的佛教壁画和雕塑作品，而且还有篇幅浩繁的经卷藏书。并且由于该洞窟位于丝绸之路的重要节点，自古以来就是中国通向世界的陆路门户，因此对于敦煌莫高窟进行梳理的重要性自不待言。

"莫高窟"这个名字的意思是"沙漠的高处"，后世因为将沙漠的"漠"与"莫"通用，所以就改称为"莫高窟"了。但有另一种说法称：佛家有言，修建佛洞功德无量，"莫者，不可能、没有也"。"莫高窟"的意思就是说没有比修建佛窟更高的修为了。据史书记载，第一个在敦煌开凿石窟的是乐尊和尚。该事最早见于武则天时期所立的《李义碑》[1]，据碑文说：前秦建元二年，即公元366年，有一个叫做乐尊的和尚，他戒行清虚，执心恬静。一天，乐尊手持一把锡杖，到处寻找清静的地方，用以修身养性、参悟佛法。在经过河西走廊西端的三危山时，他忽然看见山上有金光闪耀，好像有千尊大佛端坐于此，于是便在岩壁上开凿了一个洞窟，想留下这些影像。不久之后，又有从东方远道而来的法良禅师，在乐尊开凿的洞窟旁边开凿了另一个洞窟。于是，敦煌莫高窟逾千年的营造历史正式拉开了帷幕。

　　上述记载看似有些传奇，但是我们却不可站在当今的视角下来揣测古人的想法，尤其是那些高僧们眼前所呈现出的奇幻的视觉情景，都是有其深刻道理的。乐尊和尚所体验的感受应该与美国心理学家马斯洛[2]所描述的"高峰体验"有关。这里的"高峰体验"指的是"感受到一种发自心灵深处的颤栗、愉悦、满足、超然的情绪体验"。准确地说，这是在通往自我实现路途上产生的、仿佛把握到生命终极意义时的心理投射。正是乐尊和尚在孜孜以求地寻找佛迹的时候，岩石裸露犹如人体筋骨的三危山所展现的超验景观，与乐尊和尚的心理产生了契合，使得他倾其一生所追寻的人生意义得到了瞬间释放。

　　关于这种心灵高峰体验，我们在不同的文明中能看到相关记载。比如摩西在沙漠中牧羊时看到了燃烧的荆棘，象征着上帝对他的启示；普罗提诺自己披露的"独我"状态；奥古斯丁在北非沙漠中曾无数次地聆听到主的呼唤；旷野深处圣哲罗姆在狮子的陪伴下翻译出了《圣经》；

[1] 唐代莫高窟碑记，简称《圣历碑》《李义碑》《李克让碑》《李怀让碑》《李君（克让）莫高窟修佛龛碑》等。
[2] 亚伯拉罕·马斯洛是美国著名社会心理学家，第三代心理学的开创者。他提出了融合精神分析心理学和行为主义心理学的人本主义心理学，其中融合了其美学思想。他的主要成就包括提出了人本主义心理学，提出了"马斯洛需求层次"理论。代表作品有《动机和人格》《存在心理学探索》《人性能达到的境界》等。

玄奘法师亦在阿富汗崇山峻岭的佛影窟中看到了佛陀的显现。以上列举的都是具有高度德行操守的圣人，他们自然不会用诓骗世人的言语来愚弄大众，这种对神迹的"高峰体验"是出于真心的流露。更重要的是，获得这些超常体验的地点多在那些荒凉贫瘠之地，似乎在冥冥中，生命的苦难与灵魂的救赎是相辅相成的，似乎人们在生存苦地中更能理解生命的卑微与神性的崇高。这也从另一个侧面解释了为何莫高窟这个文化艺术宝藏，偏偏要镶嵌在荒凉的戈壁沙漠之中。

第2节　藏经洞和敦煌学

而自乐尊和尚在前秦年间开凿了第一个洞窟之后，历代王朝在此开窟的事便从未间断过。北魏、西魏和北周时期，由于各朝统治者崇信佛教，石窟建造得到从皇室到王公贵族的大力支持，发展很快。这个时期的莫高窟艺术作品中能让人体会到一种来自异域文明中的原生血质。比如第254窟中的萨埵那太子舍身饲虎的壁画，其尖锐的构图、扭动的造型、粗犷的笔触与浓重的色彩，使观者强烈感受到早期佛教的无畏生死的奉献精神，以及"以头戗地"的悲壮感，而不像中土化佛教那种相对平和的禅意。

隋唐时期，随着丝绸之路的繁荣，莫高窟更为兴盛，单在武则天时期就凿窟千余个。随着大唐盛世的到来，莫高窟中所展现的艺术作品宛如欧洲巴洛克艺术般琳琅满目，甚至有些令人眼花缭乱，生动感受到一个蓬勃繁荣时代遮天蔽日般的降临，但在太平盛世背后已出现一丝隐忧。安史之乱后，敦煌莫高窟轮番被吐蕃和归义军占领，由于两股政治势力都崇信佛教，造像和开窟的活动并未受太大影响；但石窟规模和造像品质都大幅缩水，标志着敦煌石窟艺术由盛转衰。

莫高窟　第254窟　南壁　萨埵太子本生　北魏

　　到了北宋、西夏和蒙元时期，莫高窟渐趋衰落，仅以重修前朝窟室为主，新建的极少，并且艺术水平日趋低劣。元朝以后，随着丝绸之路的逐渐废弃，莫高窟也停止了建造活动并逐步消失在人们的视野中，仅有一些有关密教的壁画还在悄悄地绘制，但已无法挽回莫高窟倾颓的态势。从此莫高窟便淹没在滚滚的黄尘之中，直到1900年这个中华民族最为苦难的世纪元年，敦煌莫高窟的藏经洞被意外地打开。

　　道士王圆箓是敦煌莫高窟藏经洞的发现者和宝藏流失的直接责任人，长期以来被人们指责。我们应该怎么看待他呢？而藏经洞的发现和意义又是什么呢？王圆箓是湖北麻城县（今麻城市）人，小的时候读过几年书，后来家乡连年闹灾，所以他到处逃荒。最后，他在甘肃西部的肃州（今酒泉）巡防军中当了一名士兵。退伍以后，在酒泉出家当了道士。再往后，他离开酒泉，云游到敦煌莫高窟住了下来。实际上王圆箓的个人经历就是中华民族自宋代以后不断衰落的一个缩影。

莫高窟的窟室大体上分为上中下三层，由于风沙的长年吹拂，沙子从窟顶蔓延下来，把底层许多洞窟的洞口埋了起来。王道士居住的下寺对面的大窟——即现编号为16的洞窟，是他改建道教灵官的主要目标，但洞口甬道堆满了沙土，已将整个洞门封堵住。于是王道士雇了几个伙计，帮忙清扫长年堆积在窟前的沙子。公元1900年6月22日，16号洞窟甬道的沙土已经渐次清理完毕，一位姓杨的伙计发现甬道北壁的壁画有缝隙，后面可能有洞。于是王圆箓便与杨姓伙计击破石壁，里面露出一扇门，高不足以容下一个人，由泥块封塞。他们将泥块掏空后，一间密室便显露了出来，其中有无数个白布包充塞其中，而且摆放整齐。仔细查看，他们发现每一个白布包裹内有经书10卷，而且有佛教绣像平铺在白布包下面。就这样，举世闻名的敦煌莫高窟藏经洞重见天日，这也使得"敦煌莫高窟"这个早已沉默在历史铁灰中的名字再次引起世人的关注。

王圆箓虽没有读过多少书，但面对这么多古代的经书画卷，也隐约感受到其珍贵的价值。于是他拿出一些书写精美的佛经和漂亮的绢画，送给附近的官绅和过往的官僚士大夫们，甚至当时的甘肃学政叶昌炽也对此多有耳闻并下令保护。但20世纪初的大清帝国已经处于风雨飘摇之中，哪还有精力关注西部边陲那些经书出土之事；而在同时，西方的探险家们却源源不断地来到了这个文化宝库。

首先是英籍匈牙利人斯坦因，他是一位受过严格的考古学和东方语文训练的学者。1907年3月，斯坦因来到敦煌莫高窟考察，当他得知在藏经洞里发现了大批古代写本和绘画以后，便与王圆箓进行周旋。斯坦因将自己比作从印度来的取经和尚，要把唐僧带到中国的经卷带回印度。正好王圆箓对《西游记》中唐僧取经的故事特别熟悉，所以便相信了。就这样斯坦因被允许进入藏经洞，最终整理并取走了29箱文物，而换取这一切的代价仅是200两白银。

　　1908年2月，另一位西方探险家也来到了敦煌，他是法国人伯希和。由于伯希和精通汉语，因此他所选取的敦煌文献材料多为经典。他最后以500两白银的代价从王道士手中盗取了藏经洞最精华的经书文献，运送回法国并展示。那么这些事情是怎样被外界知道的呢？是因为伯希和后来又到北京购书时，随身携带的敦煌藏经洞珍本文献，被中国学者看到，这才使得中国学界首次认识到藏经洞宝藏的价值。当古文字学家罗振玉从伯希和那里得知敦煌藏经洞还有剩余的经卷时，便提请清政府学部予以收集。但因官府对经费的截留，使得藏经洞中的剩余经卷无法得到及时的妥善保管，这为随后到来的日本探险队、俄国考察团陆续盗走剩余的珍贵经卷文献提供了机会。

　　关于王道士个人的功过是非，争议颇多，但他终究是被巨大历史洪流裹挟的小小个体，只能随波浮沉，没有必要把藏经洞经书文献被盗的责任推到他身上。重要的是藏经洞里的经卷文书是"敦煌学"的基础。但敦煌学本身并不是目的，我们的最终目标是"东方文艺复兴"，它首先落地为"一带一路文化共同体"，再落地为对丝绸之路多种文明现象的研究，而敦煌莫高窟（包括藏经洞经卷文书于敦煌学）则是上述研究的基础支撑与启示源泉。

　　总而言之，随着藏经洞的发现和敦煌学的陆续开展，一幕横贯丝绸之路的史诗大剧已隐约浮现在我们眼前。要真正看清楚其中的脉络和奥秘，就必须善于读懂那些隐匿在文明碎片中的信息，哪怕极其微弱；而对于阅读高效的追求，需借助两个关键词："领悟""启示"。

第3节 敦煌石窟中异域文明痕迹

敦煌在中国历史上很长一段时间里，曾经是丝绸之路上繁荣的国际城市，它的地理位置正好扼守在中土与西域的节点上，同时也是丝绸之路的必经之地，因此在莫高窟当中汇聚了多重文明因素是理所当然的。我们既可以在所发掘的经卷文献中看到东西方文明的交融痕迹，也能在石窟壁画雕塑的造型中体会到多元文化的魅力。在王圆箓所发现的藏经洞中最有价值的是各种经卷文书写本，被国际学界称为"敦煌遗书"；它们总共大概有5万余件，这些文献多半是孤本和绝本，基本全部是手写，年代从魏晋时代到宋朝末期，历经700余年。"敦煌遗书"包括佛教经典和文书，其中有大量佛经的原始梵文文本。这些佛教文献里还有一些反映中古时代寺院日常生活的文书。除了佛教文书，还有关于道教、摩尼教、祆教以及来自叙利亚的景教等文献，此外还有许多古代地理资料、官家文书、世俗文学、科技著作等。更难得的是，这些典籍是由多种文字书写的，汉文、婆罗密文、梵文、古藏文、粟特文、于阗文、龟兹文、吐火罗文甚至希伯来文，具有极其重要的学术价值。如果没有敦煌藏经洞古藏文文献的出土，系统地构建吐蕃历史将是不可能的，我们也许只能在二十四史中摘抄片段的吐蕃历史记录；而这些敦煌古藏文文献详细记载了关于吐蕃军制、官制和社会生活，并且记录了曾经在西域所发生的数次唐蕃战争。

我们在敦煌的洞窟造像中能够看到异质文明之间的交流痕迹。比如，北凉第275窟西壁的菩萨塑像，其造型是典型的犍陀罗风格。这是一尊高达3米的交脚弥勒菩萨像，弥勒头戴三面宝冠，面相庄严，鼻梁较高而直，双目有神，上身半裸，身着短裙，交脚坐于双狮座上。同窟的南北两壁上部各开两个阙形龛和一个树形龛，阙形龛中各有一尊交脚

莫高窟第 275 窟　西壁　交脚弥勒菩萨　北凉

菩萨像，其造像特征与西壁的主尊一致；树形龛中则是一尊思唯菩萨像，一条腿搭在另一条腿膝上的坐姿，左手支颐，呈现若有所思状。它最早见于印度南部，然后在西域流行。莫高窟的思唯菩萨像说明了无论在内容上或是形式上，天竺与西域的佛教传播都是一脉相承的。古代佛教传道历来强调"经像各半"，从佛家族造像风格上可基本还原出佛教义理传播的路径，反过来也一样。

我们前面的章节中曾详细介绍过犍陀罗艺术，它位于古代印度北部，即今巴基斯坦白沙瓦地区。公元前4世纪亚历山大东征时占领了这一地区，古希腊罗马的文化艺术的影响覆盖了整个犍陀罗地区。公元前3世纪，印度孔雀王朝占领了此地，佛教开始大举传入。此后，犍陀罗地区又一度被巴克特里亚的希腊王国统治，所以这一地区的文化表现出印度文化和希腊文化的双重性。犍陀罗地区现存的大量佛像雕刻都采用希腊造型艺术的手法进行创作，人物形体饱满、服装厚重、衣褶垂悬，形象自然而写实。在犍陀罗的雕刻中，交脚菩萨和思唯菩萨是十分常见的形象，因此在某种意义上可以说，敦煌石窟的艺术血脉中也流淌着希腊文化和印度文化的基因。

还有一些洞窟的佛像艺术中有印度马图拉佛像风格。这里的马图拉指的是印度北方邦的古代雕刻艺术中心，与犍陀罗并称印度最早的两个佛陀雕像制作中心。但两地的风格截然不同，犍陀罗艺术体现出强烈的希腊因素影响，而马图拉艺术则保持着印度的本土风格。其雕像以剽悍粗犷见长，人物偏袒右肩，薄衣透体，肌肉健壮且裸露；一些浮雕体形丰满圆润，富有肉感，姿容妖冶。相类似的是敦煌莫高窟第248窟中心柱东向面、第251窟中心柱西向面和第259窟西壁的坐佛，这些北魏时期雕刻的佛像衣纹密集，衣纹走向呈"U"形线，而衣角的下摆也形成明显的装饰性。这些装饰特征，都体现出印度马图拉佛像的风格特点。

莫高窟第 275 窟　西壁　交脚弥勒菩萨　北凉

　　除了上述来自印度佛像原发地的艺术风格的影响之外。敦煌莫高窟还受到中亚与西亚一带地区塑像风格的影响。由于敦煌没有可供雕刻的石材，于是就地取材，以泥塑来表现佛像。敦煌的地质结构与新疆一带的石窟接近，在新疆的和田（古代于阗）、库车（古代龟兹）以及阿富汗也能看到与敦煌彩塑类似的泥塑。中亚的图木舒克出土的木雕佛像，与莫高窟第259窟佛像的造型十分相似，这也表征着敦煌雕塑与新疆到中亚一带的佛像雕塑有过密切的交流。

　　以上所列举的多元文化相融合的案例，只是敦煌莫高窟的一小部分，但即便如此，我们也仿佛重新窥视到古代欧亚大陆两端，由丝绸之路联系起来的文化交流的丰富纽带，它们有机编织出东方古代世界文明的美妙肌体。

　　在21世纪的今天回望过去，敦煌莫高窟从开凿到鼎盛，从衰落到再次闻名于世，其间充满了传奇。它以神迹的启示横空出世，凭借信仰的力量达到鼎盛，却在世俗之人的守护与外来盗掘中失落，这一过程足以警醒任何一个古老民族。敦煌莫高窟是世人管窥古代东方精神文化的窗口，在这里，中原、西域、中亚、印度、波斯乃至希腊、希伯来各种文明因素交融汇聚。这些洞窟和佛龛塑造了一个个微型的东方文明"展厅"，在这些"展厅"中，不同的宗教、文化、艺术在"各美其美、和而不同"的氛围中和谐共存。如今，沉寂已久的"一带一路"重现生机，黯淡的东方世界迎来了复兴曙光。敦煌作为1600年前人类文明和谐交融的案例，无可争议地成为东方文艺复兴扬帆远航的出发地。

本章启示：

敦煌文化在形成过程中对中华文化外传产生了什么作用？有无实例证明？

敦煌文化在形成过程中，既充斥了大量异域文化进入西域、中原的印记，也不乏中土文化逆向传播的因素。中原"柳叶描"，也称为"吴带当风"，从西域向外传，对拜占庭圣像、波斯细密画、欧洲中世纪壁画产生了不同程度的影响；此外，敦煌壁画中著名的"伎乐天"形象以及大唐乐舞造型，对东瀛和朝鲜半岛产生了重大影响，我们在日本近现代歌舞艺伎与朝鲜的传统歌舞之中，仍可感受到这种影响。

第十五章

七僧七贤

Enlightment of Silk Road Civilization

第十五章　七僧七贤

　　魏晋南北朝时期的政治乱局，并未掩盖中华文化的光彩，从"建安七子"至"竹林七贤"，从"兰亭雅集"到"支遁品茗"，从《世说新语》到《文心雕龙》，开辟了另一个再现先秦时代光彩的中华文艺复兴时代。恰在此时，中国文明与佛教相遇，两大东方古代高级文明在交融激荡中生发出璀璨火花，"七僧七贤"是为代表。

第1节　七僧与七贤

　　在三国与魏晋南北朝时期，虽然中原大地战火纷飞、尸横遍野，但佛教却沿着丝绸之路和广阔的西域，通过河西走廊逐步传入中土，形成一个奇异的景观：一方面是纷乱的社会动荡背景，另一方面是传道高僧不畏生死、艰苦跋涉，将佛陀精神与佛教义理源源不断地传入中国。

　　佛教诞生于印度恒河流域的菩提迦耶、鹿野苑一带，后北传至中亚印度河流域的犍陀罗地区，得到了巴克特里亚希腊王国和贵霜帝国的弘扬；佛教东传的路线是从犍陀罗地区翻越青藏高原至西域大地，经过河西走廊进入中土，接着再向东传至朝鲜半岛及日本。早期的中国佛教领袖多为异域传道僧，例如康居国高僧康僧会入中土，受到三国时期孙权的器重，迎入宫中后，专门为其建造一座寺庙，历史记载其名为"建初寺"，应该是长江以南地区最早的佛教寺庙。天竺高僧佛图澄在西晋时就已来到中国，留居长安，西晋灭亡由刘渊的前赵替代，后来被后赵的石勒统治；但无论王朝如何更替，佛图澄仍然留在长安，而且得到了所有王公贵族的尊敬。这些高僧将佛教的慈悲思想和法王理念带入中原，也为佛教精神理念与华夏本土文明的融合作出了巨大贡献。

七僧七贤所处时代即上面所述的社会动荡背景时代，但它同时也是中国一个非常重要的历史文化阶段。魏晋南北朝如同春秋战国一样，亦是诸侯割据、战争频仍的时期，但是这个时期恰恰被中国思想史称为"中国小文艺复兴"，它取得的思想成就堪比先秦诸子百家的时代，以该时期涌现出的一批重要人物为表征。司马氏开创的晋朝结束了三国鼎立的局面后定都长安，史称西晋。紧接"八王之乱"后的"刘渊反晋"，揭开了北方纷乱的大幕，愈演愈烈，最终造成"永嘉之乱"。北方汉族大量南迁，直到公元317年由司马睿在建康城（即南京）建立了东晋王朝，方才暂且安定下来。东晋王朝主要依靠来自王谢家族的人维持统治，所以崇尚名士、名僧成为当时的风尚。

"竹林七贤"指的是三国魏正始年间（240—250），嵇康、阮籍、山涛、向秀、刘伶、王戎及阮咸等7人，有"七贤"之称，他们是当时玄学的代表人物。他们反对司马氏对朝政的把持，因此立志远离市侩，常在当时的山阳县（今河南修武一带）竹林之下喝酒、纵歌、肆意酣畅。南京的六朝博物馆里有出土于南京市郊的砖刻"竹林七贤"，砖刻上荣启期与竹林七贤在竹林里喝酒、纵歌，砖画的线条颇有"顾陆之风"。这里的顾陆是指顾恺之和陆探微，他们首创的绘画线条"春蚕吐丝描"也叫做"高古游丝描"。这种线条如春天的蚕吐丝一样延绵不断，虽纤细而富有柔韧力度，成为魏晋时代著名的线条画法，也是后来"曹衣出水""吴带当风""屈铁盘丝"等诸多线条的开山祖。

西汉时，汉武帝采纳董仲舒"罢黜百家，独尊儒术"的建议，立五经十三博士，官宦世家子弟们从小就要接受五经思想教育。两汉经历了约400年历史，随着东汉末年社会崩溃，在思想界以阴阳五行为基础的"天人感应"的神学目的论和谶纬宿命论也趋于消散，随之而来的是社

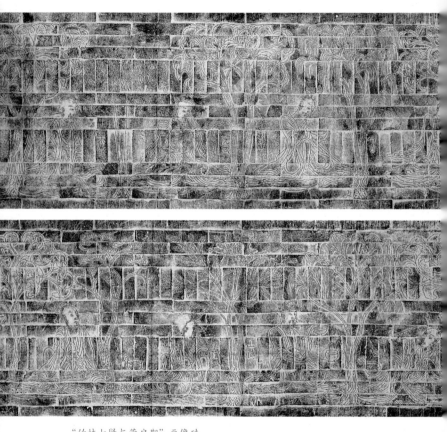

"竹林七贤与荣启期"画像砖

会礼治问题和名教信仰危机的出现。士人阶层的精神缺失与人格缺失导致了魏晋玄学的诞生。相对于社会信仰的缺失，现实的残酷性则更为突出。东汉末年，社会动荡、灾害频繁，百姓处于水深火热的状态。建安文学的创始者曹操在《蒿里行》中所描写的"白骨露于野，千里无鸡鸣"正是那个时代的真实写照。《续汉书·郡国志五》中记载，汉桓帝永寿二年（156）全国人口共有5647万人，而到了三国时代（263）人口减少到了700余万人，足见社会动荡给人民生活造成的巨大伤害。建安文学以"三曹"（曹操、曹丕、曹植）、"建安七子"（孔融、陈琳、王粲、徐干、阮瑀、应场、刘桢）为代表。其文学风格源自作家对时代环境的真实感受。对于残酷现实，他们痛定思痛，反而激发出一种积极向上的精神。这是人类社会的一个普遍现象，与公元5世纪初西方的罗马帝国即将解体时的情况很相像，当罗马城在北方蛮族的围攻下风雨飘摇之际，是一批文化人站了出来。圣奥古斯丁写下了著名的《上帝之城》，激励了当时的文化人去积极面对苦难现实，付诸保存古典文化的实际行动，为以后的复兴做准备。中国的文人们面对当时的乱局，也继承了古代"以天下为己任"的士风，焕发出一种昂扬奋发的建功立业精神。这种精神在建安文学中闪耀出光辉。

孙绰是东晋名士，信奉佛教，与名僧支道林（支遁）、竺法潜，名士王羲之、谢安等人素有往来，他在著作《道贤论》中把两晋时期的七位高僧比作当时的"竹林七贤"，因此有"七僧七贤"之说。具体的对应关系是：支遁——向秀、竺法护——山涛、帛远——嵇康、竺法乘——王戎、竺道潜——刘伶、于法兰——阮籍、于道邃——阮咸。之所以拿支遁与向秀放在一起比，一是由于向秀开创了玄学注《庄子》的新思路，二是因为两人都是一代学问大师，品格高尚、才学过人、思维玄远、见解超凡。他们可作为天竺佛教哲学与中土儒道玄学在魏晋南北朝时期的最高成就与境界的代表。

支遁将佛学引入庄学，用即色义解释《庄子》的逍遥义。他认为众生本性不同，只有"至人"，不仅能适天地自然之本性，而且没有执着，做到"通览群妙，凝神玄冥，灵虚响应，感通无方"，从而既"无待"又"无己"，这才是"逍遥"。实际上是把佛家所讲的八正道结合了儒家的中庸之道来阐释庄子的"逍遥"。支遁以佛解《庄子》表明，玄学本身到东晋已达到了其思想的极限，只有与佛学相结合才能使它更好地发展。支遁在当时的巨大影响使其在中国思想史、佛教史上具有了重要地位。他也是玄、佛结合的先驱。

现在大多数人都不知道支遁是何许人也，但只要查阅一下唐诗宋词，与支遁有关的诗词竟有好几百首，足见他的影响力。在魏晋时代，支遁的名声更是如雷贯耳。一次司徒左长史郗超问宰相谢安："支遁在玄谈上与嵇康相比如何？"谢安回答说："嵇康须不断努力，才能赶上支遁。"郗超又问："殷浩与支遁相比又怎样？"谢安答道："如果论娓娓而谈，恐怕殷浩要胜过支遁；若是论卓然有识，支遁要超过殷浩。"郗超后来在一封信中发出感慨："支遁法师神理所通，玄拔独悟。数百年以来，绍明大乘佛法，令真理不绝，为此一人而已。"

向秀也同样是绝世英才。嵇康在看了向秀注《庄子》的文稿之后，对后者的才华学识大为叹服、溢于言表。刘义庆在《世说新语》里有对向秀注《庄子》的高度评价："妙折奇效、大畅玄风。"向秀对《庄子·逍遥游》中关于大鹏与小鸟的描述，有了超越前人的感悟。在这两个反差巨大的意象中，他发现了本质的平等：逍遥是生命存在的最佳境界，而逍遥又是本性的自足，因此，"逍遥"本身是没有任何差异的，就像在金床上或木床上，睡着后的感觉都一样。因为"有待"而逍遥，圣人"无待"亦不是绝对遁世，只是顺其有待"与物冥"，适应任何物质环境。如此，逍遥只需性分自足、得其所待，凡人与圣人便可以"同于大通"。这一思想成为向秀后来创立"身在庙堂心在山林"的中国文人士大夫处世人格理想的基础。

从历史回望过去，"七僧七贤"的比喻，可看做是魏晋时期提倡理想人格及佛道融合的一个缩影，七僧代表的是来自于天竺印度的西方思想，与七贤所代表的儒道两家思想进行碰撞交融，正是那个思想活跃时代的鲜明特征。

第 2 节　支道林与王羲之

支道林与王羲之两人的交往在七僧七贤中非常具有代表性，也可作为印度佛教文明与中土儒道文明碰撞交融的典范来看待。王羲之是中国书法一代宗师，其事迹与成就已被后世广为传颂。他之所以取得如此巨大的成就，一方面与他个人的勤奋努力分不开，另一方面则是来自于他的家谱身世与家族渊源。中国向来重视血统与宗族传统。

相比之下，支遁的出身就没有那么显赫了。他的先祖虽是声名远播之士——三国时期的名僧支谦、支亮；但不管怎样，属出家人之族。支遁之所以能在文化精英层出不穷的魏晋时期出人头地，是受惠于那个伟大的时代，这里所谓的"伟大"，是指古代东方两个高级文明相遇所覆盖的历史时期，从"伊存授经""永平求法"到七僧七贤的时代跨越了三个多世纪。对于中国文明来说，这段历史基本属于文明的上升期，对于佛教文明来说也处于一个传道的热情高涨期。它们各自内部的积极因素都在发挥作用，涌现出一批优秀人才和杰出大师理所当然。尽管在两汉之交和东汉末年中国文明内部发生了动荡与战争，但以往在和平时期积累下来的文明交流成果，不会因相对短暂的混乱而消失，它们会被中国文明中不断涌现的精英分子所吸纳，成为思想创新、追求理想的资源。

如前文所述，一代高僧支遁率先提出"即色本空"的思想，创立了般若学即色义，成为当时般若学"六家七宗"中"即色宗"的开山祖。他还注释了《安般经》《四禅经》，著有《即色游玄论》《圣不辨知论》《道行旨归》《学道戒》，其他短文小著几十篇。后世有学者认为，支遁在佛学方面的功力，可与印度佛学大师马鸣菩萨和龙树菩萨相提并论。

另一方面，支遁对中土的老庄玄学也有深刻研究，他在解读《庄子·逍遥游》上下过极深的功夫，一般不为外界所知；而领教的第一人竟然是书圣王羲之。王羲之当时在会稽担任内史，早就听闻支遁的名声，但生性高傲的他并不相信，认为不过是人们的传言，不足为凭。一次，支遁途经会稽，王羲之就到支遁那里去探一下虚实。两人见面后王羲之说："你注释的《庄子·逍遥游》可以看看吗？"支遁立刻拿出《庄子·逍遥游》的注文娓娓道来，他对王羲之足足讲了两个时辰，其中才思敏捷、文藻新奇，听得王羲之干脆宽衣解带，坐下来慢慢享受。这还不算，支遁又拿出纸笔，当着书圣的面写下洋洋5000余言，其笔画龙飞凤舞，阐述玄妙高远。王羲之听得如痴如醉，为支遁深深折服。为此，王羲之特地安排支遁住到离他不远的灵嘉寺，以便密切来往。

第3节　"中华小文艺复兴"与《兰亭集序》

我们说魏晋南北朝时期是"中华小文艺复兴"，是有着大量的事实作为依据，其中"曲水流觞"可以作为一个典例。"曲水流觞"是指东晋名士聚会的一种仪轨范式，它源于中国古代南方的民间传统习俗，到了春天要到河边焚香、沐浴、更衣，同时书写一些礼乐道德的诗篇赞美春天的到来。后来发展成为中国文人墨客诗酒唱酬的一种雅集形式。

公元353年举行的一次"曲水流觞"仪式之后，诞生了中国书法上最著名的经典之作《兰亭集序》，它是由王羲之创作的。那是晋穆帝永和九年农历的三月初三，王羲之邀请谢安、孙绰等41位士大夫与名士，在会稽山阴的兰亭举行雅集。与会者临流赋诗、举杯畅饮，各抒怀

《兰亭集序》（冯承素摹本）

抱、书写成集。大家公推此次聚会的召集人、德高望重的王羲之为诗集写一篇序文，这便是《兰亭集序》。此序一经写成，便成为中国书法史上的第一经典，为世世代代的书法家所崇敬。后来历朝历代的宫廷都把它视为至高无上的宝贝，不仅珍藏，而且还复制，召集著名书法家仔细临摹，极致者为双勾临摹（如冯承素摹本），形成了著名的"兰亭八柱"。《兰亭集序》体现了中国书法家在一个特殊时段的灵感迸发，需要文学、诗意以及对自然的感应，当笔端微妙和眼手高度一致的时候才能凝篇，所谓"神品"由此而来。

这一神品境界是老庄玄学思想的精髓在艺术领域流溢的结果，王羲之对此深有感悟。他曾借《记白云先生书诀》里的第三人称，来表达对于书法最高境界的探索与理解。

天台紫真谓予曰："子虽至矣，而未善也。书之气，必达乎道，同混元之理。七宝齐贵，万古能名。阳气明则华壁立，阴气太则风神生。把笔抵锋，肇乎本性。刀圆则润，势疾则涩；紧则劲，险则峻；内贵盈，外贵虚；起不孤，伏不寡；回仰非近，背接非远；望之唯逸，发之唯静。敬兹法也，书妙尽矣。"言讫，真隐子遂镌石以为陈迹。维永和九年三月六日右将军王羲之记。

这段文字以白云先生口述给王羲之的方式，巧妙而形象地阐述了书法线条与自然大地的关系，娓娓道出书法艺术的真谛。值得注意的是，这些虚灵的妙想迁得，基础背景是凝重的大山大水，集中华先民千年万年之前的迁徙经验，经由农耕文明的充分成长，最后在老庄的道家学说中完成了一个伟大的轮回。

从书法这个点延伸出来，绘画、诗歌、辞赋都体现出这种文化特质。顾恺之的绘画以浓色微加点缀，不求晕饰；笔迹周密，紧劲连绵，有如春蚕吐丝、春云浮空。顾恺之精通画论，其"迁想妙得""以形写神"等论点对中国传统绘画有着深远影响。在《洛神赋图》一画中，他对于曹植所描写的洛神仙子神韵的理解，通过线条和人物造型综合组合反映出来。人物的组合动中有静、静中有动，看起来像浮雕一样，裙摆尤似造像底座，裙带仿佛被微风吹动，好似裙盖遮挡下的凌波微步，给

洛神赋图（局部）

人以无限遐想之美。生活在东晋末年和南朝初年的谢灵运、陶渊明是魏晋风骨的最后余音。魏晋之后，中国的文人阶层再也没有整体的张狂与独立的个性；或许作为个体还有些许抗争的意识，但作为一个阶层，魏晋之后的中国知识分子已屈从于各种各样的外界强力之下了。

历史学家阿诺德·汤因比历史观中有一个重要思想——文明挑战与应战。他认为每一个文明都会经历起源、成长、衰落和解体四个阶段的周期性变化。在衰落和解体阶段，内部变革力量与外部文明成为旧文明的挑战者，如果旧文明能够成功应战，它将在原有文明基础上得到发展而继续存在下去，进入下一个周期；如果挑战一方成功，旧文明将逐步被取代，历史被改写，成为新的文明周期。人类文明从诞生到现在一直处于挑战与应战的交错螺旋式上升过程。早期迁徙史为中华民族的形成发展带来了自发性的精神资源，这种精神生发于尧舜禹时代，兴起于春秋战国，鼎盛于秦汉之际。而在魏晋南北朝时期，中华民族自身曾拥有的精神能量日趋枯竭，这时，一剂强心针——佛教文明注射进来，它使得中国在隋唐迎来了第二个黄金期。五代两宋之后，中华文明日趋僵化，直到在西方近现代思想与工业文明的冲击下苏醒。这是继民族迁徙、佛教文明之后的第三次文明碰撞。这次变革更加深刻，如汤因比所言，21世纪的中国将依托东方大地的地理资源（具有巨大体量的山川、河流）与厚重的文明体量（轴心时代五大文明高峰）而崛起，并引领整个东方世界的复兴。

本章启示：

　　为什么在魏晋南北朝社会大动荡的时代造就了"中华小文艺复兴"？或者换句话说：文艺繁荣与社会现实有什么关系？

　　文明挑战与应战的历史戏剧，其精华交集与能量释放，并不以是否处在统一王朝为标准，而是遵循人心向背的规律。因此，"永平求法"以来就开始酝酿着人心之变，人们普遍对传统统治思想表示疑问，但这个过程相当缓慢，经过"三国纷争"和"八王之乱"方才来到一个临界点。这时，佛教传道高僧数量大增，思想日益精湛丰富，与中国高层知识分子交流不断加强，"七僧七贤"便是典例。先秦诸子百家思想发生于春秋战国，释迦牟尼思想产生于印度四十国混乱时期，希腊诸哲贤鼎盛是希腊诸城邦纷立时期，意大利文艺复兴亦是多国并立时期。这些历史现象，说明了文化繁荣与社会环境的关系十分错综复杂，既联系紧密又相对独立。

第十六章

法显浮海东还

第十六章　法显浮海东还

法显是有史以来第一位行迹遍及"一带一路"的高僧，他以67岁的高龄从陆路前往天竺，13年后从海路返回故土。法显将中土西行求法的活动推向了前所未有的高度。法显当年翻越葱岭以及历经千难万险越海归国的奇迹，书写了一首为信仰而不畏艰险的绝世篇章。

第1节　法显西行壮举

在家喻户晓的小说《西游记》中，我们熟知了一位著名僧人——玄奘法师，他无论生前还是死后都可以说是声名巨泰。而在玄奘法师西出印度之前的200年，就有一位年近古稀的高僧踏上了西行苦旅而去寻求无上的般若智慧，以对中土佛法律藏进行纠偏，同时点化芸芸众生。这位高僧就是法显。他在后世的名望似乎不及玄奘，但他寻求正法的坚韧精神和跨越的地理范围，则是有史以来天下的求法僧人所望尘莫及的。

法显原姓龚，是东晋平阳郡武阳（今山西襄垣县）人。他有兄长三人，但都不幸早逝。法显的父母担心他早夭，3岁时便将其送到寺庙做了小沙弥。他在20岁时受大戒。法显从小个性便坚忍执著，而其成年后更是如此，对佛教虔诚笃信、一心一意，且行事坚定不移，这些性格特点都为其后来万里西行埋下了伏笔。

佛教最初传入中国要经过中亚及西域诸国如大月氏、安息、康居，在传播过程中，这些源自印度的佛教经义难免变得支离破碎，经常在由梵语转胡语、再由胡语转汉语的过程中失真变味。在法显生活的年代，佛教已大为发展，下自平民百姓上至统治阶层多崇信佛教，但经义残缺尤其是戒律的缺失，致使数量日趋庞大的僧团组织缺少戒律而乱象丛生。这使得当时真正虔敬信佛的僧人产生了赴天竺直接求取真经的想法。法显流寓长安时常去师兄道安主持的道场讨论佛学问题，道安说："云有五百戒，不知何以不致，此乃最急。"法显回应："概因律藏残阙！"我们可以想象，法显在说出这六个字的时候，眼中一定充满着一种坚毅决绝的神色。这次谈论成为法显心头挥之不去的一个宏愿：一定要在有生之年去天竺寻回佛教律藏，以正中土佛教界的戒律，不达目的至死不休！历史证明，兼具对佛法虔诚信仰、对目标坚定追求的法显成为了最优人选。

公元399年即后秦弘始元年是一个特别的年份，开年初始，后秦皇帝姚兴亲自率军开疆拓土，一路顺风，但下半年整个后秦国境内天灾频频，长安城内一片萧条，迫使姚兴自降帝号。正是此时，法显从长安踏上了西行求法之途。当时法显已65岁高龄，这个年龄即使放在现今社会中也是老人，而在过去动荡不安、缺乏医疗条件的古代社会，无疑是颐养天年的岁数。但法显并没有畏惧，因为他没有忘记20年前与师兄道安的那席谈话以及他发下的誓愿，心中充盈着信仰的力量。就这样，他与几位志同道合的僧人，在没有任何后勤保障的情况下，一路往西行去，走向那个充满信仰召唤与现实苦难的世界。

出长安后，法显途经张掖、敦煌，至于阗，跨越葱岭到达北印度，并于公元405年抵达中印度最大的城市巴连弗邑。此时的印度正是笈多王朝统治时期，这里物产丰饶、人民殷乐。法显在此努力学习梵语、专研律藏典籍，随后便一路南下瞻波国、多摩梨国，最终抵达狮子国（今斯里兰卡）。在狮子国的四年时间弹指间过去，一天，他在无畏山僧伽蓝的玉质佛像游览时，发现玉佛像旁边供奉着一匹中国晋地生产的白绢，法显不禁触景生情、潸然泪下，想起了离别多年的故乡。蓦然间一个念头在法显心中形成：回国！不久他登上归国的商船，这是公元411年（义熙七年）。次年法显抵达青州牢山，他终于回到了阔别13年的祖国。

从佛教发展史的角度看，法显西行具有多重重大意义。首先，法显带回的经卷与之前在中土流传的佛经相比，后者经历了一个漫长的翻译流传过程，而前者直接从天竺带回，由梵文译汉，其佛典完整度与还原度都有较大提高，由此增强了中国佛教的系统性与完整性，为随后南北朝隋唐佛教的兴盛奠定了基础。其次，从内容来看，法显带回的佛典多为戒律，弥补了中原佛教戒律缺失的问题，为中原汉地戒律体系完善作出了重要贡献，基本解决了魏晋时期僧侣组织涣散的问题。再者，当时佛教的发展主要是涅槃佛性之学，宣扬"一切众生皆有佛性"，而法显携归的六卷《大般泥洹经》对此有推波助澜作用。可以说，法显译出的《大般泥洹经》是南朝晋宋之际中国佛学思潮由大乘般若学转向大乘涅槃学的转折点，并最终促成了两者的融合，这在中国佛教思想发展史上具有划时代的重要意义。最后的结果是：法显归国开启的新一轮翻译事业，使得这一时期佛典的梵汉翻译更为进步，翻译方法更为正确完善，并造就了智严、宝云等一大批优秀的译经人才。

法显西行的重要贡献还有西行经历的文字记录——《佛国记》[1]一书。它生动记录了从河西走廊、南疆直到南亚各地的自然地理及风土人情，对于研究公元5世纪初期"一带一路"的自然地理和人文地理具有重要价值。如《佛国记》中有对西魏后期已经湮没在流沙中的鄯善古城

---

[1]《佛国记》一卷，全文13980字，全部记述作者公元399年至413年的旅行经历，体裁是一部典型的游记，也属佛教地志类著作。这部书是研究中国与印度、巴基斯坦等国的交通和历史的重要史料。伴随佛教而来的西域、印度文化，在语言、艺术、天文、医学等许多方面，对我国文化产生了积极影响。

的记载；另如《佛国记》中对于印度的记载，涉及社会制度、经济状况、文化遗迹等广阔领域，成为研究缺乏文字记载的古代印度文明的重要史料；再如对斯里兰卡的记录，相较于当地具有神话色彩的文学创作，《佛国记》凸显了文字的写实性，也更具有可信性，弥补了斯里兰卡史书《岛史》《大史》的不足。

据《佛国记》记载，法显时代已有许多同行的求法僧人，然而从求法僧人的全部历史来看，法显求法并非首次。这一历史可推至3世纪三国时期的曹魏僧人朱士行。他是我国有记载以来第一位西行求法的中土僧人，同时也是历史上正式受戒出家的第一位僧人。朱士行是河南颍川人，出家后专门研究佛教经典，曾在洛阳讲授《道行般若经》。当时最流行是竺佛朔的译本，但朱士行却感觉此译本"文句简略，意义未周"。为探求梵文原典，他于公元260年（曹魏甘露五年）西行至于阗国，得到了共九十章节的佛教原典，求法成功。他将这些佛经原典由弟子带回，自己却留在西域继续拜访研究，最后以80岁高龄在那里去世。朱士行的西行经历成为中国历史上僧人西行之始。

与法显同时代的南朝晋宋时期，也有许多僧人走上西行求法之途，如康法朗、于法兰、竺佛念、支法领、法勇、慧睿等人，他们大多抵达于阗、罽宾、疏勒等国即止，只有少部分幸运且意志坚定的人最终到达天竺佛国。其后最为著名的求法僧还是要数三藏法师唐玄奘。玄奘，俗名陈祎（yī），27岁时，他孤身踏上西行道路，先途经高昌，后于628年抵达印度，于那烂陀寺修习，师从该寺住持戒贤法师，成为通晓三藏的"十德"之一。公元643年，玄奘载誉归国，并带回657部经书以及150粒舍利子、7尊佛像。他的译作包括《大般若经》《心经》《瑜伽师地论》《成唯识论》等；并著有《大唐西域记》12卷，记载了他的西游经历，集中反映了138个国家的自然情况、宗教发展及社会生活。值得注

那烂陀寺遗址

意的是，在玄奘学习的那烂陀寺还有诸多其他中国僧人学习的记录，明确载于史书的僧人有慧业、灵运、玄照、道希、道生、大乘灯、道琳、智弘、无行等。可以说西行天竺、到佛陀的诞生地去学习，在当时已是蔚然成风。

　　与玄奘法师几乎同时代的求法僧人，最重要的是义净法师（635—713），他是中国首位从海路去又从海路回的求法僧人，开创了地理新时代。义净法师出身于齐州的官宦门第，7岁便皈依佛门，其年轻时就萌发了去印度求法的念头，这明显是受到了玄奘法师的感召。终于，在公元671年即玄奘大师圆寂7年后的咸亨二年，义净法师从广州出发，沿海上丝绸之路到达印度本土，随后至那烂陀寺研修。经过10余年的学习修行，于675年携求得的大量梵本经文以及50余万颂回国，途中遇到艰险而不得不滞留，最终于695年回到洛阳。有关义净法师的事迹，后文还会从另一个学术视角详细介绍。

事实上，我国历史上除上述名僧之外，还有许多记载于不同文献中的求法僧，此外还有更多无名可查的僧侣，他们或是中途折返，或是命陨行旅，最终都成为弥散在历史大道中的尘埃。但正是这些求法僧的共同努力才使得人类的精神史获得不断地发展。可以说，自佛教传入中国伊始，佛法中的纯粹性与慈悲心便感染了中国人，它的本土化的进程固然有官方的支持，但主要是仰仗民间的力量，如法显这样的立志求法的民间僧人，是推动其发展的重要一支。正如法显所言："顾寻所经，不觉心动汗流。所以乘危履险不惜此形者，盖是志有所存专其愚直。故投命于必死之地，以达万一之冀。"

有史以来所有伟大求道者都是抱着这样的信念：不惜舍身而获取真经原典，宁愿放弃所有现世功名利禄去追求生命真理。鲁迅先生曾说："我们从古以来就有埋头苦干的人，有拼命硬干的人，有为民请命的人，有舍身求法的人……虽是等于为帝王将相作家谱的所谓正史，也往往掩不住他们的光辉，这就是中国的脊梁。"因此，法显大师所代表的一代中国求法高僧，正是这舍身求道者们的典型代表，他们无愧于中国的脊梁！

第2节　浮海东还与龙华图

自汉朝张骞"凿空"西域之后，中原通过丝绸之路与外部世界联通起来，而前人的西行经历正是法显可资借鉴的经验。在此基础上，法显西行最终超越了前人开拓的路线，其行之地可说是"汉之张骞、甘英皆不至"。张骞通西域，横越葱岭，到达中亚；甘英沿张骞所通路线到达西亚的里海之滨；法显则向西转南，一路到达了前人未及的印度各地。

此外，法显西行的更大价值更在于《佛国记》一书。清代学者李光延《汉西域图考》总结得颇有道理："葱岭以西，古称荒激。史书传述，道里难稽。非游踪亲践，莫知其真也。汉世张、甘西使，摄、竺东来，徒以口传，未闻载记。自晋法显卓锡西征，始著于录……学者知九州之外，复有九州矣。"

如果说法显一路出行至天竺五国，是对前人所开创的丝绸之路的再次实践和更新发展，那么法显归国的道路则更具有重要的历史价值：早在公元5世纪初，就以亲身实践确立了中国与南亚诸国沟通的海上丝绸之路。据《佛国记》记载，法显于409年初冬从多摩梨国（今孟加拉国）乘东北信风走海路前往狮子国（今斯里兰卡），又于公元411年8月乘一商船从斯里兰卡至耶婆提（今爪哇），滞留5个月后再乘船向广州进发，航行途中遇到风暴，在海上漂泊月余，最终于牢山登陆。从此，中国旅行家的地理视野由原来的中亚和西亚扩展到了南亚与南洋。

法显对于海上丝绸之路的贡献不仅在于其对这一航线的亲身体验，还包括对航海技术、水文信息的文字记录。《佛国记》中曾多次记载归国途中的不同航程如何利用特定季节的信风，这构成了我国关于信风最早的文字记录。海上丝绸之路作为与陆上丝绸之路并行的古代东西方往来的主要通道，它的出现与发展并不是一朝一代所完成的，可以说海上丝绸之路是一个不同文明域和不同国家经历了漫长时间而不断丰富的体系。就中国而言，其发展时期可追溯至战国时期岭南地区与南海诸国的海上往来。法显归国最重要的意义在于，他是历史记载中第一位到达了印度、斯里兰卡、印度尼西亚三国的人，同时也是横渡印度洋的人。

由法显亲身践行的海上丝绸之路，为中国古代对外交往史增添了浓重的一笔。就海运与陆路运输的方式本身而言，陆地地形条件多变，而陆上丝绸之路所经历的内陆地区沙漠戈壁纵横，商队旅人通过时常遇天灾人祸，且骡马运输量极为有限、成本较高；而从海运的情况来看，1世纪即被罗马人用于海上丝绸之路的远途海航的信风技术以及其他相关技术（如造船等），使得海运这一方式体现出经济效益高、运量大的优势；即便是在陆上丝绸之路更为成熟的情况下，海路仍体现出自身的优越性。就中国的情况而言，文明和经济中心逐步从西北移向东南沿海，一个原因是与海外贸易直接相关的丝、瓷、茶等贸易物品均产于东部沿海地区，这种情况也促使了海上丝绸之路的发展。

　　据史籍记载，法显大师归国带回了三件宝：经典、佛像、龙华图。前者属于"经"的系统，后两者则属于"像"的系统。在此我们主要探讨"龙华图"。自古以来就有一种说法，"南朝四百八十寺"的第一寺是龙华寺，它是法显大师依据从印度带回来的"龙华图"所建，也是中国第一座印度风格的佛教寺院，但遗憾的是它已失落。关于龙华寺究竟在什么位置的研究文章比比皆是、充斥网络，主要是依据郦道元《水经注》的记载："泗水又东南过彭城县东北，泗水西有龙华寺，是沙门释法显远出西域，浮海东还，持龙华图，首创此制。法流中夏，自法显始也。"但在另一方面，学界对龙华寺本体建造风格的研究却明显滞后。这也许是因为在国内现有的佛教寺庙建筑中难以找到线索，其中似乎存在着断层现象。从一般规律来推论，法显西行就是要"返回初心"，他认为无论是经典律藏或是佛寺建筑，都必须返回原初之道，因此他在求法途中特别留意趣味正宗的佛像和寺庙。实际上在《佛国记》中已有记载，法显被犍陀罗佛像和寺庙建筑强烈吸引，他在塔克西拉和布路沙布逻（Puruhapura，即今白沙瓦）参拜了高40丈（约140米）的迦腻色迦大佛塔，佛塔表面装饰着大地上所有珍贵的物质。从国际考古研究成果得知，布路沙布逻的大佛塔是一个带有伞盖的大型伽蓝，显示出地中海与印度建筑的混合风格。这大概是法显带回中国的"印度式佛塔"的原型，我们可以在青州佛像那里得到印证，佛像的造型因素勾勒出犍陀罗风格历经沧桑沿途传入中土的演变轨迹。可以推论，贵霜王朝时期的佛塔一定秉承了犍陀罗地区的基本特色，是多元文化交流之后的产物。它一方面承续了巽迦王朝"桑奇大塔"的基本形制，另一方面也吸取了地中海文化的要素，比如华盖、伞盖、罗马圣骨盒的造型以及表面的华贵装饰。我们可以在欧美许多博物馆的亚洲馆藏品中看到这种体量较小的伞盖式佛塔模型，它们可还原出迦腻色迦大佛塔的原来形状。

那么问题来了：为何在中土的佛教寺院中看不到印度佛教寺庙，或者说迦腻色迦大佛塔的要素？我们常见的是九重歇山式大屋顶庙宇或者是多层的宝塔，似乎与印度的佛教建筑没有什么关系，那么法显辛苦带回的"龙华图"中画的究竟是什么样的建筑呢？这中间究竟发生了什么变化呢？史籍中并没有这方面的记载。但有几缕蛛丝马迹，可供我们发挥想象。迦腻色迦大佛塔上面的伞盖，也许是破解谜题的线索。中国自古以来，建筑缺乏垂直向上的因素，或者说"垂直向度"的意识没有觉醒，正如奥斯瓦尔德·斯宾格勒所说："中国的建筑精神是天花板式的平面展延，如园林般规划人生路径，在一路的观赏嗟叹中行至生命的终点。"但这种说法也并非绝对，我们在汉代的"石阙"中可以感受到些许垂直向度的因素。可是有一类建筑非常奇特，那就是宝塔；中国的宝塔是典型的垂直向度建筑，它突兀于地平线上，给人以过目难忘的深刻印象。它是怎么来的？从外形看，印度佛塔是"覆钵式"，就像一只倒扣的碗，意喻佛门僧人此生来去之干净；而中国佛塔则是多重密檐、层层叠加，形成一个几十米高的竖向阁楼式建筑，两者差异巨大。

让我们对"塔"来一番溯源。塔在印度虽是佛教建筑，但它当初叫做"窣堵波"，是佛教高僧圆寂后用来埋放骨灰的地方。公元1世纪前后，印度的窣堵波随着佛教传入中国，"塔"字应运而生。"塔"字既象形又涵盖了"stupa"的音与义，"土"字旁含有封土之下埋有尸骨或舍利之意。但为何原先的覆钵式圆形塔变成多重阁楼式的宝塔了呢？一种解释是：中国没有滋生印度佛教的土壤，佛教只好依附传统的礼制祠祀，佛塔也和古典的楼阁台榭结合起来。这种说法看似合理，却有些勉强。法显去天竺寻求"经"——佛典和律藏，同时也寻求"像"——佛像与佛塔，以校正中土远离佛陀初心之风，按逻辑推理，他一定会带回正宗的佛像与佛塔，佛像已在青州佛像的风格中得到印证，而佛塔则似乎断了线索。

据史书记载，三国时徐州刺史陶谦手下官吏笮融于公元193年在下邳城南修造浮屠寺，寺中有塔；上有金盘，下有重楼，塔为九层八角，每层皆有飞檐，每面镶有铜镜，塔顶亦有一面大铜镜朝天，成为"九镜塔"，所谓"上悬铜窣九重，下为重楼阁道"。据说堂阁周围可容纳3000多人课读佛经，佛像涂饰黄金，外披彩锦袈裟。每到"浴佛会"时，四方前来参拜佛的百姓达数万人，场面之宏阔、气势之雄伟，世所难见。

问题在于：笮融的佛寺宝塔的造型是从哪里来的？佛教建筑没有源头是不可能的，难道是白马寺吗？按照史书记载，"永平求法"之后的白马寺是由原先的驿馆"鸿胪阁"改建的，它当然是中土的大屋顶阁楼式风格，与笮融所建造的寺庙佛塔，甚至与孙权为康僧会建造的"建初寺"一脉相承；但法显大师持龙华图所建的龙华寺肯定是另一种形态。我们可以推测，依据迦腻色迦大佛塔而绘制的"龙华图"，在中国建造时一定发生了巨大的变化，青州佛像的犍陀罗因素为我们的推论提供了反证。另一种大胆的推测是：有可能法显大师最初在彭城泗水之畔建造的"龙华寺"，比较接近迦腻色迦大佛塔的形态，但在往后的延传过程中，覆钵式窣堵波体量过于巨大，建设不易，聪明的中国僧人一眼看

少林寺塔林

中了窣堵波上面的伞盖与中土传统楼阁的相似性，干脆将伞盖扩大为多重楼阁而舍弃覆钵式窣堵波，逐步形成了中国式宝塔。但为何这一创造性的改变未见于史书，这倒是值得深入探讨的。

第3节　从道场寺到辛寺

法显的西行求法壮举，从外在层面上推动了中国佛教事业和海上丝绸之路的发展，而从内在的层面上则开启了掀开中国"信仰史"的新篇章，并达到了一个前所未有的高潮。在那个需要信仰的混乱时代，人们前赴后继，紧随着大师的脚步，为追寻生命真理而砥砺前行。这些僧人并无政治与经济上的强力支持，仅是出于对信仰的赤诚虔敬，赤手空拳、孑然一身地面对着浩瀚大漠、荒芜戈壁、险峻山脉与激流险滩，再加上风雨寒暑以及盗匪横行。但即便面对如此艰难路途，求法僧团仍比

法显译经图（季鹏创作，综合材料）

比皆是，留存在历史记载中的仅是其中极小的一部分。

　　据史籍记载：公元421年秋天的一个上午，为迎接法显的到来，京城建康举行了盛大的欢迎集会。法显缓步登上讲台时全场鸦雀无声，因为听众始终认为这是一个难以相信的生命奇迹，还在定睛观看。只听得这位耄耋老人以低沉的嗓音娓娓道来，他说自己出生在北方平阳郡绛邑县武阳社，西晋隆安四年从长安出发，跋涉6年到达天竺王都巴连弗邑，见到许多佛教圣地与胜景，最后穿越大洋，经历数次死里逃生，不可思议地成功归来。最后，法显以一个灵性界域的释疑作为演讲的结束，这是关于"一阐提"（断灭善根之人）能否成佛的问题。法显缓缓点头表示认同，因为经上说："泥涅不灭，佛有真我，一切众生，皆有佛性。"

　　值得一书的是，在场听众荟萃了诸多名士高僧，有山水诗鼻祖谢灵运、田园隐士陶渊明、《后汉书》作者范晔、《世说新语》作者刘义庆、庐山的慧远法师、鸠摩罗什的高足慧睿、涅槃圣竺道生、道场寺住持慧观、法显西行求法曾经的同伴智严与宝云，此外还有罽宾高僧佛陀跋陀罗（即觉贤大师）、天竺禅师佛陀耶舍。整个欢迎集会庄严隆重、肃穆典雅，这个场面被谢灵运记录下来："安居二时，冬夏三月。远僧有来，近众无阙。法鼓朗响，颂偈清发。散花霏蕤，流香飞越。析旷劫之微言，说像法之遗旨……"

现场有一人心情特别激动，他就是竺道生。他出身官宦世家，天生傲骨，幼年跟从竺法汰出家，改姓竺。后来从鸠摩罗什译经，成为其著名门徒之一。他就是提出"一阐提"也能成佛的人。这里要解释一下，"一阐提"是佛教中称那些不具信心、断灭成佛善根的人。法显大师在集会上认同他的说法，尽管义理和阐释路径有所不同，但大师海纳百川的胸怀，令竺道生心潮澎湃、感动不已。

散会之后，中外众僧立刻讨论译经前的准备事项。法显大师从印度一共携回12部文献，其中11部为梵文经典，1部是在青州基本撰写完成的游记。两年前法显的游记由崇拜者抄录，先行流传建康，人们争相传阅。游记简洁明快的文笔使读者如亲睹佛国祥和、天竺繁荣，寺塔伽蓝、梵音缭绕；激动之余，众人皆称法显为"佛"，溢美其游记曰《佛游天竺记》。译经决定在道场寺进行。它是建康城的一座著名寺庙，前身叫"斗场寺"，以所在地"斗场里"得名。《高僧传》作者慧皎认为"斗"字有悖佛教旨意，故将"斗"改为"道"，两者音近，相得益彰，自此之后就叫"道场寺"。据近代佛学泰斗吕澄先生考证，它是由谢安之弟谢石为纪念"淝水之战"中阵亡将士而建，谢石于公元383年被晋孝武帝司马曜任命为"征讨大都督"，指挥谢玄、刘牢之率领北府兵精锐一举击溃前秦百万大军。后来谢石官至司空，因此道场寺也称"谢司空寺"。在道场寺北边有一座古朴亭台,典故"新亭对泣"即此。"新亭对泣""斗场寺""谢司空寺""道场寺",这一连串名词,实际上勾画出从"八王之乱""永嘉之乱""迫降汉赵""永嘉南渡"到"祖逖北伐""桓温北伐""淝水之战""刘裕北伐"为止的一幅乱世图景,其中交织着国难、人祸、屠杀、阴谋、沉沦、逃亡、励志、奋发、复仇等各种复杂因素。这是中华民族第一次在草原部落的冲击之下遭受的严峻考验,民族的生存根基一度发生了动摇。然而佛教的进入,改变了情势的发展走向。

法显在道场寺与天竺高僧佛陀跋陀罗会合,他们两人一个擅长梵语、一个擅长汉语,可谓珠联璧合。大家都明白,法显大师出生入死求得的律藏经典亟待译出,众人在道场寺经过三个月的细致准备之后,一切就绪。法显大师和佛陀跋陀罗为译经主持,宝云等250余名佛门学者次第而坐,分别担任笔受、度语、证梵、润文、证义、校勘等职。翻译从《摩诃僧祇律》开始。"以律为师"是佛陀的遗训,佛家一共有六部戒律,传来中土五部,法显一人便携回三部,其贡献之巨可见一斑。

翻译《大般泥洹经》是佛教史上的一个重大转折点,也是佛学的一个重大问题。法显之前,众人依昙无谶所译的《大般涅槃经》皆认为"一阐提"(断灭善根之人)不能成佛。但法显在巴连弗邑的时候,天竺高僧伽罗先亲手将《大般泥洹经》交给他,并说佛陀在涅槃前嘱咐该经是佛法之极致。于是伽罗先令法显传入华夏,愿一切众生悉成如来平等法身。

"一阐提"成佛,众人起初好奇,然而看到文本则大惑不解。"阐提如烧焦之种,已钻之核,即使有无止甘雨,犹亦不生。又云,其虽有佛性而无量罪垢所缠,不能得出。对曰,至极智慧,以众恶为种。飞鸦有革音之期,阐提获自拔之路。"

佛教学界由此分成两派——新学和旧派。新学推竺道生为领袖,旧派则以慧观为首。新学发出惊世宣言:"佛无时不有、无处不在。既悟其一,众事皆得。众生不见佛性,则菩提为烦恼;众生见佛性,则烦恼即是菩提。善不受报,顿悟成佛。望岸而返者,则大道废也。佛陀亦云,空拳诳小儿,以此度众生。"旧派则认为此乃"珍怪之论",视为异端邪说,继而依仗人数众多群起攻之。

公元418年农历正月一日,《大般泥洹经》译讫,大乘佛性说自此流行中国,虽然遇到很多阻力与困难,但"大乘菩萨道"在中土确立已成事实。译经仍在继续,争论也在升级。视野开阔的法显大师支持新学,而守旧派将矛头指向竺道生。竺道生据理反驳,毫不屈服。渐渐地,录经僧人已不再注明该经与法显有关。法显知道,这场争论由自己引起,他感觉一股寒气正在生成。当六部经典译出之后,他认为是自己离开的时候了。

公元418年(义熙十四年)夏坐之后,道场寺一如既往,众人边译经边争论不休。法显大师多日不来译场,禅房里也没有,众人交头接耳暗中议论:"法显大师去哪里了?"

这时,佛学已到达江陵辛寺。谁也不知道,江陵辛寺一直是法显的一个心结愿景,它是吸引海内外高僧的佛学重地,尤其是罽宾高僧——代表当时佛学最高水平的群体,都去那里聚集。法显有一个深藏内心的淳朴想法:自己有生之年虽然没有去成罽宾,但能和罽宾高僧学习切磋佛学义理真髓是平生夙愿。罽宾是"伽湿弥罗结集"所在地,是佛教律藏的圣地之一,自己当初西行求法主要是求律藏,与罽宾高僧共同探讨可使自己毕生功业获得圆满。

在道场寺译经期间,法显从往来僧人那里听闻有一位名叫卑摩罗叉的罽宾高僧去了江陵辛寺。据说,卑摩罗叉听闻鸠摩罗什在长安弘扬佛法与讲解经藏，于公元406年（弘始八年）到达关中，鸠摩罗什以师长礼节待之，可见其尊崇地位。待鸠摩罗什去世后，卑摩罗叉带着鸠摩罗什所译的《十诵律》到寿春石涧寺，进行修订改写，"开为六十一卷，最后一诵改为毗尼诵"。这是任何人都不敢做的事情，只有卑摩罗叉敢，盖因他来自佛学圣地罽宾的身份。在江陵辛寺夏坐之后，《十诵律》在中国各地声名鹊起，各门各派都对其恭敬有加。道场寺住持慧观专门将《十诵律》的要点编辑成两卷，在京城建康广为流传，一时间所有僧尼都竞相传抄，造成"都人缮写，纸贵如玉"的景观，犹如170多年前"洛阳纸贵"现象之重演。令人深思的是，这次引发纸张供不应求的不是魏晋文人的词赋作品，而是一位外来高僧的佛学律藏。不到200年的急剧变化，证明了中华文明在海纳百川、兼收并蓄方面的巨大能量。从此以后，《十诵律》作为佛教戒律的经典，对萧梁时代以降的历朝历代都产生了深刻影响，其源头皆出自江陵辛寺。

　　然而，最早到江陵辛寺弘扬佛法的罽宾高僧是昙摩耶舍，他一到江陵就像一块磁铁，吸引了300余位僧人从全国各地奔赴江陵投入他门下学习。据说许多原来不信仰佛教的士人与百姓，在聆听了昙摩耶舍的讲解之后，皆无比敬佩而皈依了佛教，其情势虽不能与600年前达刍勒多在巴克特里亚希腊王国宣道收徒时的盛况相比，但在中土绝对是前所未见。

　　江陵辛寺为什么被法显大师选为自己的归宿之地？显见的理由有两个：其一是法显远赴天竺本来就是为寻求佛教律藏而去，其二罽宾是佛教律藏的圣处。更为深刻的是法显本人的价值取向。法显在狮子国见到白绢团扇时因思念故乡而潸然泪下，按道理说他回到国内之后应该去山西老家看一看，或者设法返回长安怀旧，他在那里足足待了半个多世纪。即使长安在敌国境内，但谁都知道佛教高僧是可以畅通无阻的，并且后秦国君十分尊崇佛教，绝无任何后顾之忧。但法显大师没有选择返回山西老家，没有选择去长安的寺院道场，甚至也没有留在京城建康，而是执意去往一个陌生的地方——江陵辛寺。按照一般常识，在这个人生地不熟的寺院，自己很可能被排挤或吃亏，显然，这些世俗之事法显大师都已抛到九霄云外，因为他心中装的只有信仰真谛！这种一生追求真理的精神发展到玄奘法师那里画了一个休止符。玄奘法师曾说："惜法显智严，亦一时之士，皆能求法，导利群生，吾当继之。"可见他把自己作为法显、智严的后继者了。

那么玄奘提到的智严又是谁呢？他可是一个大名鼎鼎的高僧，其功绩不在法显、玄奘之下，只不过光芒被两位大师遮掩了。智严是法显西行求法的同伴，他们在张掖相遇，行至新疆焉耆分手。智严独自一人前往罽宾，成为首位到达罽宾的中土僧人，随即住在罽宾的摩天陀罗寺院，跟从佛陀先大师学习禅法。据说他用了3年的时间就超过别人10年的功力，当地僧侣信徒听说后无不感叹："汉地竟有这样求导修行的僧人啊！"从此他们不再轻视汉地僧侣。智严曾多次力邀罽宾僧人去中土弘扬佛法，但无人应邀。罽宾的佛陀跋陀罗大法师被智严的诚恳之心感动，于是和智严一起东归；他们翻过高山、跨越沙漠，来到关中长安大寺。不久之后佛陀跋陀罗遭到当地僧人排斥，出走庐山，再去建康；智严后来也出函谷关去山东，在当地佛寺里坐禅诵经、全力修行。智严晚年携弟子泛海再游天竺，最后于罽宾圆寂。我们先放下这些高僧的弘法译经事业不说，仅仅从他们的人生经历来看，无一不是惊心动魄的追求真理的苦旅。更为重要的是，这些真理往往是与自己原先的民族、血统、国家、地理并不相容，但他们仍然用其一生舍命求索。这无法用其他理由来解释，只能归结为中华文明上升期的精神能量之强大，就像前文叙述过的"洛阳纸贵"现象的两次重演。

本章启示：

1. 法显不远万里完成求法伟业，除了信仰，还有没有其他力量支撑着他？

历史证明，法显大师除了对信仰的生命真理孜孜以求之外，还对承载佛陀精神的形式——佛塔、寺院、佛像的经典原型心向往之，决心真诚奉回，以正时风。据史书描述，他乘坐的商船被风浪吹到青州崂山海岸边而被当地猎户发现时，八旬老僧怀中紧抱着经和像，死不撒手。正因此，方才有后来载入史册的龙华寺建筑与青州佛像的风格，从而开辟了中国佛教艺术新篇章。

2. 在法显时代，僧人西行求法的动机是什么？

从大历史角度来看，求法僧人西行主要有四种动机：一是寻求名师指点，二是瞻仰佛陀圣迹，三是迎请名僧大师东来传法，四是研求佛教经典。概括起来，这四种动机皆殊途同归，汇流成一股涌荡于信仰史中的活水，滋养着一代又一代僧人的虔诚心灵。这种精神正如普罗提诺"光的神学美学"中的"太一"自上而下地流溢一样，为中华民族的精神世界提供了绵延的动力。

第十七章

从昙曜五窟到巴米扬大佛

Enlightment of Silk Road Civilization

第十七章　从昙曜五窟到巴米扬大佛

中国大同的云冈石窟与阿富汗的巴米扬石窟相隔千里，但佛造像却有着相似的因素。这其中既体现了信仰的巨大能量，也蕴含着文明传播的密码，它们是轴心时代高级文明异地传播与相互影响的文化遗产物证。

第 1 节　拓跋氏与昙曜五窟

中国著名的石窟，敦煌莫高窟外还有甘肃的炳灵寺石窟、天水的麦积山石窟、河南洛阳的龙门石窟以及山西大同的云冈石窟。这些著名的石窟是我国佛教艺术宝库的主要支撑。云冈石窟中最为著名的昙曜五窟，是解读它与原始摩崖石刻之间的文脉，以及其与中亚艺术间深刻联系的关键点。

云冈石窟位于我国山西省大同市西郊的武周山南麓，是一片规模庞大的石窟群，其东西绵延1公里；现存的主要洞窟有45个，大小窟龛有252个，总共有佛教造像超过51000躯。这些大大小小的佛像生动多彩、气象万千。而其中主尊大佛更是高度过丈，尤其是第20窟中的佛像，由远观之即可见其伟岸的身形，使游览者叹为观止。

该石窟开凿于中国的北魏时期，其始建期是北魏文成帝和平初年（460），一直延续至孝明帝正光五年（524）为止，其间共经历了60多年的营造。学者将云冈石窟整体上分为三期，其中开凿年代最早的是第16、17、18、19、20窟，始建于公元460年，被编为云冈石窟的第一期，是由北魏文成帝任命当时的沙门统昙曜法师组织开凿，因此又被称为"昙曜五窟"。

作为云冈石窟中第一批开凿的窟龛，昙曜五窟在形制上颇为独特，其石窟的平面为椭圆形，立面呈穹顶草庐形，尺度高大且整齐划一。从各个窟内的主佛形制来看，佛像的体量巨大，高者有16.7米，最小的也有13.5米，占据了石窟的大部分空间，对应的内容主要是三世佛和千佛。这些佛像身躯雄伟、慈眉善目、比例适当、手法洗练；我们不难想象，雕刻家当时一定全神贯注于佛像的姿势与神态，以及烘托精神定力的衣纹质料，即使过去了1500多年，仍然有惊人的表现力；同时也体现出当时北魏皇家在敬佛事业方面的巨大投入。

一个看起来不可思议的现象背后，都有着深刻的历史渊源。昙曜五窟作为中国历史上第一个大规模的摩崖石刻[1]艺术，无论在体量上还是在对崖体的穿凿力度方面都开创了历史先河。如果将眼光放得更为长远一些，我们可以看到，在东方大地上文明萌动的原始时期，无论是葱岭的摩崖石刻、青海的海西岩画还是内蒙古的阴山岩画等，它们的基本特征都是以浅浮雕形式为主，多为早期部族迁徙途中的占卜、祭祀、祈福之用，后来的雕塑艺术也基本受到上述摩崖石刻的影响。如：中国古代的浅浮雕加阴线刻的墓室雕刻、印度桑奇大塔上的浮雕装饰、亚述的猎狮浮雕、汉穆拉比法典上的浮雕形象、波斯的大型摩崖雕刻等，都有原始岩画浮雕的基因，这时，真正意义上的圆雕尚未出现。亚历山大东征将一种典型的希腊化圆雕形式带入东方世界，为这片土地上的雕塑摆脱

---

[1] 摩崖石刻，有广义和狭义之分。广义的摩崖石刻是指人们在天然的石壁上摩刻的所有内容，包括上面提及的各类文字石刻、石刻造像，还有一种特殊的石刻——岩画也可归入摩崖石刻。狭义的摩崖石刻则专指文字石刻，即利用天然的石壁刻文记事。摩崖石刻是中国古代的一种石刻艺术，指在山崖石壁上所刻的书法、造像或者岩画。摩崖石刻起源于远古时代的一种记事方式，盛行于北朝时期，直至隋唐以及宋元以后，连绵不断。摩崖石刻有着丰富的历史内涵和史料价值。

昙曜五窟外景

平面束缚而注入了动力。同时期各大轴心文明的兴起，使人们摆脱了早期萨满教的图腾崇拜而趋于理性思考和关注灵魂的救赎，这种思想与精神的跃升，恰恰是人们将原先的摩崖石刻进行深度开凿的依据。我们可清晰地看到这样一条历史脉络：从早期摩崖石刻到文明初期的浮雕艺术，从轴心时代各文明的崛起到希腊化因素与佛像的结合，一直延续到大型石窟的诞生，这一过程与雕塑形象深度纵向化进程是同步的，而昙曜五窟和巴米扬大佛的开凿就是这个过程的典型体现。

　　昙曜五窟作为中国第一个皇家支持的"大佛"塑像，其风格摆脱了早期摩崖石刻的平面因素。除了这一显而易见的特征之外，还有一个重要的特征，即造型纹样方面的传承脉络。我们可以从昙曜五窟佛像高挺的鼻梁、深陷的眼窝、棱角分明的面庞以及垂悬的衣褶中看出犍陀罗艺术的影响。北魏王朝控制的疆域与中土接壤的面积较大，但在信仰方面它却与印度、中亚、西域更加接近，同属佛教文化圈。因此，在世俗生活方面，他们多向汉族王朝学习，而在精神生活方面认同遥远的天竺或西域。根据考古研究，昙曜五窟极有可能是通过"国际招标"，由包括西亚工匠在内的多地区艺术工匠共同完成的。据史料记载，北魏鲜卑政权在建国之初东征西讨的过程中，曾掳掠强迁了大量的能工巧匠，不仅为修建昙曜五窟奠定了物质基础，而且使得异域的佛像造型风格自然融入了中土。道武帝收服中山之后即"徙百工伎巧于京师"；太延五年九月，太武帝攻陷凉州，迁"凉州之民三万余家"至平城；平真君十二年，太武帝南征途中招降了"淮南降民万余家"。这数十万人中有许多是善于营造寺院、雕刻佛像的能工巧匠。无独有偶，昙曜五窟的主持修建者昙曜就是北凉人！我们可以作这样的猜想：昙曜法师被俘获到平城后一直默默无闻，待到拓跋弘重新复兴佛教，昙曜法师置生死于度外挺身而出，力劝新国君建造石窟与佛像，作为国教的象征，同时将北魏的五位皇帝雕刻为五尊体量巨大的佛像。尽管其中的太武帝先信佛后又灭佛，开启了"三武一宗灭佛"的恶行先声，但昙曜法师仍然从佛门慈悲宽宏的角度出发，借"昙曜五窟"表达了希望这些鲜卑王者们永远做现世法王的意愿。

北魏统治者基本遵从佛教文化圈的内定规则，以正宗为准，国家推举的最高宗教长官"道人统"，一定是来自最权威的地区。因此，中亚罽宾国（即今克什米尔）的师贤法师被指定为"道人统"，他负责为文成帝铸佛像。可以想象，修建石窟的建筑团队也按照在佛教界的地位顺序排列，北凉举国信佛，沮渠蒙逊时期在石窟佛像营造方面曾取得过不凡成就，以他们为主开凿昙曜五窟以及云冈石窟的后续石窟，理所当然。

在此要专门说一下北凉。若站在一个更为宏大的文化地理背景上来看，佛教的东传路线是由北印度传到中亚，然后向东传播至西域、中原的。在这条线路上凉州是一个关键节点，其两端是诞生佛像的犍陀罗地区和接受佛教的汉地中土。从具体的地缘文化来看，北凉与西域接壤，于阗、龟兹、敦煌等地的西域佛教资源汇聚于河西走廊向中土流动，首当其冲就是北凉。沮渠蒙逊作为北凉国的一代英主，他的统治时期政治清明、人民殷实，佛教伽蓝寺庙遍布、沙门僧侣俱增，其名声远播四方，北魏统治者对此一清二楚。结果是：原籍北凉的昙曜法师以及由北凉东徙的工匠们，成为昙曜五窟的主要营造者和云冈石窟艺术风格的缔造者。因此，有学者认为"武州造像，必源出凉州"，是不无道理的。

另一方面，云冈石窟的石窟形制与造像风格，除了具有明显的犍陀罗和中亚的异域特点外，同时也显示出中原文化的特征。昙曜五窟造像风格具有"令如帝身"的因素，意思是说佛像与皇帝形貌尽量一致；这可看作当时的高僧对帝王循循善诱、引导他们以"法王"作为自己人生理想的努力。从道武帝时代的道人统法果开始，昙曜法师继承之，促成了昙曜五窟主像雕塑风格的嬗变。它使有着不同文化背景的工匠们能在原有佛像形制基础上加以发挥，由此出现了希腊化与胡化、汉化有机融汇的新风格，犍陀罗的高鼻深目、贵霜的"倍四首身"、中亚的"曹衣出水"衣褶、萨尔纳特的"薄衣透体"纹样、中原的"褒衣博带"服饰……都体现在昙曜五窟的大佛之中，尤其是第16窟主像最为精彩。

当我们回溯云冈石窟的历史时，都将其源头定位在北印度—中亚地区，因为这里不单是佛像的诞生地，同时也为中土佛教艺术风格的发展带来了源源不断的灵感。巧合的是，正是在鲜卑拓跋氏皇族聚集大量工匠在洛阳营建龙门石窟的时候，中亚的巴米扬翠谷也传来了叮当的斧凿声，这里建造的正是闻名后世的巴米扬大佛。

第2节　巴米扬的奇迹

人们记忆犹新，2001年最令全世界痛心的文物破坏事件莫过于阿富汗境内的塔利班组织炸毁巴米扬大佛的事件，它使这处见证了东西方化交融的重要历史文化遗存的彻底毁灭，成为人类文明史上一次无法弥补的损失；这一现象在某种意义上也反映了当今全球激烈的文明冲突。令人惊奇的是，联合国教科文组织在大佛已毁的情况下，仍然将巴米扬河谷列入世界文化遗产名录，可谓是对世人保护人类共同文化宝藏的一次呼告，亡羊补牢，令人扼腕。

世界闻名的巴米扬大佛地处巴米扬山谷当中，位于今阿富汗中部巴米扬城北的兴都库什山区，具体是指由北面的兴都库什山支脉代瓦杰山与南侧的巴巴山脉组成的自然崖壁区域。巴米扬大佛分为东大佛与西大佛，据考古学家用碳鉴定法测得的结果显示，东大佛修凿于公元507年，西大佛的修凿时间是公元551年。除两尊大佛外，巴米扬石窟的考古价值还体现在这里遗存的其他小型佛像、壁画艺术以及龛洞石窟建筑等方面，从时间上来说，这些小佛像从公元2世纪即开始了雕琢，而壁画的创作年代约在公元5—9世纪。两尊大佛中，东大佛高37米，外侧佛龛为抛物线形，此外在窟底内部还配有8个小窟。就雕塑风格而言，

巴米扬大佛

东大佛的头部比例偏大，立姿，躯干上覆以简练的衣纹，其雕塑风格粗犷，整体气势逼人。就其服装形制和面部特点来看，它应该是犍陀罗雕刻风格与中亚草原民族雕塑风格的混合变体。佛窟中还雕琢有台阶，从一侧曲折拾级而上，可达大佛头顶的平台处，再通到大佛另一侧脚下。除大佛本身，东大佛佛窟中颇具考古价值的还有位于佛窟顶部的壁画《阿波罗太阳神像》，寓意太阳神对佛陀的护卫。但日本龙谷大学的宫治昭教授的研究更具有说服力：壁画中的太阳神并不是阿波罗，而是波斯索罗亚斯德教的"密特拉神"，它作为希腊化的产物，希腊文化中对太阳的崇拜与波斯文化中对光明正义的追求有机融合，形成了一种新的神祇形象。宫治昭教授的研究基于这一地区的最新考古发掘，以及对犍陀罗地区历史演变的总体把握。它说明了一点，由于丝绸之路沿线各民族的频繁迁徙、农耕定居文明与草原部落之间的冲突、不同文化带的断裂、历史记录的缺乏，尤其是伊斯兰文明对古代文明的覆盖，使得丝绸之路涵括地区的历史文化面貌扑朔迷离。

从文化交流史的视角来看，巴米扬石窟的佛教图像中接纳异教神形象这一事实，体现出巴米扬地区对于外来文化的包容吸收。另一方面，从壁画的材料技术手法上来看，密特拉神的形象，以及马匹、车辆、飞天的造型比较写实，同时强调平面的表现性；色彩以红、黄、蓝、灰为主，与大面积的米黄色形成悦目的对比。这种高级的补色关系显示了波斯、中亚希腊化的延伸，以及中亚草原民族在接受希腊文化后的综合影响。

西大佛高55米，坐落在距东大佛400米以外的另一个三叶形石窟中，主窟窟底配有子窟，以覆钵塔及少量僧房形制为主，共计10处。西大佛除体量上比东大佛高出一截，两者还有艺术风格方面的诸多不同点。首先，西大佛比例均衡，体现出较为成熟的造像技术；其次，西大

佛衣纹的表现手法比东大佛更为复杂精妙，较之东大佛更具浮雕凸起的
立体效果；再者，从整体来看，西大佛身形体量更具宏伟庄严感，佛像
的衣褶形式与站立姿态更为明确地体现出犍陀罗风格的影响，与云冈石
窟"昙曜五窟"的五尊大佛相映成趣。难怪宫治昭教授说："每当我看
到云冈石窟的大佛时，立刻就想起巴米扬大佛，过目难忘。"

　　巴米扬大佛是古代唯一完整站立着的佛像，而且是在崖壁进行大规
模凿刻形成的。孔雀王朝之后的大型佛教石窟，如洛玛沙利希石窟、卡
尔利石窟、巴查石窟、阿旃陀石窟、纳西克石窟、坎赫利石窟……均无
佛陀的形象，更不用说站立的佛像了。如前所述，站立的佛像源自犍陀
罗，是希腊文明与印度文明相遇的结晶，它在继续向东南西北各个方向
传播的时候，激发起人们对佛像的狂热追求，以至于有"像教各半"的
说法；尤其是那些一心想追随阿育王成为现世法王的统治者们，更是对
体量巨大的佛像梦寐以求，这是一种后世难以理解的情感，但在笃信时
代却很普遍寻常。因此我们可以推测，巴米扬石窟与云冈石窟中巨大的
大佛可能是由同一支国际工匠团队打造的，他们将源自犍陀罗的佛像风
格有机传承，同时将印度教宏大建筑浮雕的技术转移创化，用于跨地域
大型石窟的巨像营造过程中。那时一定有消息灵通的传播网络，否则当
云冈"昙曜五窟"落成时，就不会有那么多信奉佛教的国家纷纷送来佛
教三宝。要知道，最近的狮子国（今斯里兰卡）到平城最少要3个月，
狮子国国王奉送的是一对佛陀时代的紫金钵。

　　对于历史记载的空白处，艺术家与考古学家的直觉是不会错的，尽
管直觉需要考古实物来印证。19世纪德国探险家、考古学家施里曼对
《荷马史诗》中特洛伊城与迈锡尼城的直觉，直接导致了对这两座古城
遗址的成功发掘，而在之前没有任何人相信有这回事。施里曼凭一己之
力完成了"从希腊神话中发掘出特洛伊宝藏"的奇迹，解开了世界考

古史上最辉煌的一幕。如今我们对丝绸之路上物质文化遗产的"新时代探险",似乎又是对150年前"施里曼奇迹"的重复,它需要非常的勇气、胆识和能力,这正是丝绸之路的"启示"意义。

第3节 文明传播的秘密

文明传播的秘密,在于其传播过程中的"飞地"现象,即一个点的文化要素直接到达某个远点,中间大片区域未留下任何痕迹。它没有遵循一般的有迹可察的线性传播规律而呈现为跨越式的传播;云冈石窟就存在着这种特征。

公元5、6世纪,犍陀罗佛教艺术已经开始衰落,为何两座相距遥远的佛教石窟具有相似的艺术血质呢?这里蕴藏着古老文明传播的秘密,除了建造者多有中亚和西域的血统外,犍陀罗晚期艺术的滥觞也为石窟的艺术创造提供了源源不断的灵感。在前面的章节中我们知道,犍陀罗位于今西北印度喀布尔河下游,五河流域之北的区域,那里紧邻中国西域并衔接中亚地区。这里曾有多个印度的城邦,由于独特的地理位置以及特殊的历史遭遇,使其在巴克特里亚希腊王国和贵霜帝国时期孕育出汇聚了波斯、希腊、印度、中亚文化基因的犍陀罗艺术,并成为整个亚欧大陆宗教艺术发展史上的一个枢纽。在这里诞生了最早的佛教造像艺术,并且借由佛教的传播而对中亚、南亚、远东等广袤地区的佛教艺术产生了根本性的影响。

当进入贵霜帝国的晚期,犍陀罗艺术的形式也发生了变化,艺术特征更加体现出当地居民(主要是草原民族)的传统与偏好,尤其是"甘奇"——一种含石膏的韧性灰泥的广泛运用,使得佛像具有充满呼吸感的质地,形象也显得更加细腻柔润,这被称为犍陀罗晚期艺术。而在这

云冈石窟大佛

些晚期犍陀罗艺术的代表遗存中，就包括上文所说的巴米扬石窟和"昙曜五窟"。

　　具体来说，巴米扬石窟的晚期犍陀罗风格主要体现在两个方面：一是佛像造型与犍陀罗早期的佛像一脉相承；二是壁画内容体现的波斯化的特点。首先以东大佛为例，通肩式长袍以及简单重复的衣褶及其体现出的服装的厚重感，具有典型的犍陀罗风格，我们甚至能在早期犍陀罗佛像中找到与其形象特征几乎完全一致的例子。其次，壁画中体现波斯祆教信仰中的太阳神、月神以及体现希腊风格的有翼神形象都是后犍陀罗时期持续受到多元文化影响的表现。所以巴米扬石窟属于所谓"晚期犍陀罗"艺术的范畴，与犍陀罗艺术实际上具有相当的联系。

　　而这种独特地域性的文化传承却并未止于这片紧邻我国西北大门的土地，而是打破国界，随着东行传教的僧侣进一步伸展到了我国。在两汉三国时期，我国外来的游方僧人中便有一半来自贵霜地区，他们自然为汉地带来了这一时段方兴未艾的犍陀罗艺术。实际上，无论是佛教的传播中心龟兹，抑或是号称"戈壁明珠"的克孜尔石窟，也包括昙曜的故乡北凉，这一处处地点都清晰地勾画出历史中佛教造像艺术传播的脉络；它源自中亚，一直延伸至中华腹地，在时间和空间的流转中不断变化，点亮了沿途地区的佛教造像艺术。对我国而言，这一通达的文化传播之路赋予了我国整体佛教造像之蓝本，也奠定了我国佛教造像民族化的基础。从某种意义上说，当时的远东世界存在着几大不同的文明体系。虽然就政治、经济和伦理道德而言，中国的南北朝都同属于中华文化的范畴；但从北朝中的佛教文化来看，则更多的指向印度、中亚的文化领域。

在"昙曜五窟"凿成200多年之后，西行求法的玄奘途经梵衍那国，于是在《大唐西域记》中写下了这样一段文字："王城东北山阿有石佛立像，高百四五十尺，金色景，室饰焕烂。东有伽蓝，此国先王之所建也。伽蓝东有金俞石释迦佛立像，高百余尺，分身别铸，总合成立。"这便是现已成为廗粉的巴米扬大佛在千年之前，呈现在玄奘大师面前时的样子。

在历史上，不同文化之间的沟通交流，看似体现在某个人身上或由若干偶然事件而形成，但从大历史角度回望，这些点滴的沟通在长远时空中串联成某种稳定的衡态，这就是隐藏在纷乱历史背后的文明传播的秘密。在丝绸之路上，求法布道的僧人、转运货物的商队、四处征伐的军旅以及携带着不同文化基因的人群东来西去、川流不息，为东西方的文化融合提供了源源不断的资源。这与某种强大的文化力量有关，在互通交往中形成的文化塑造力量远比我们想象得更为强大，而由此所形成的文化脉络至今仍有着深远的影响力。

本章启示:

异域文化艺术形式融合的例子,除了佛教的犍陀罗艺术案例,是否还有其他宗教文化艺术的案例?

不同地域文化通过碰撞融合而形成新的文化艺术形态,是丝绸之路的典型文化特征。除了犍陀罗佛像艺术现象,还有其他许多相关实例,譬如:佛教信仰经西域东渐之后,在5、6世纪形成犍陀罗、中亚、西域、印度本土、汉地的综合风格;东罗马帝国汲取了佛像和地中海古代造像艺术营养而形成拜占庭圣事艺术的面貌;11世纪之后,俄罗斯在吸纳拜占庭圣事艺术和古罗斯民间艺术的基础上,创化出风格独特的"俄罗斯圣像";等等。

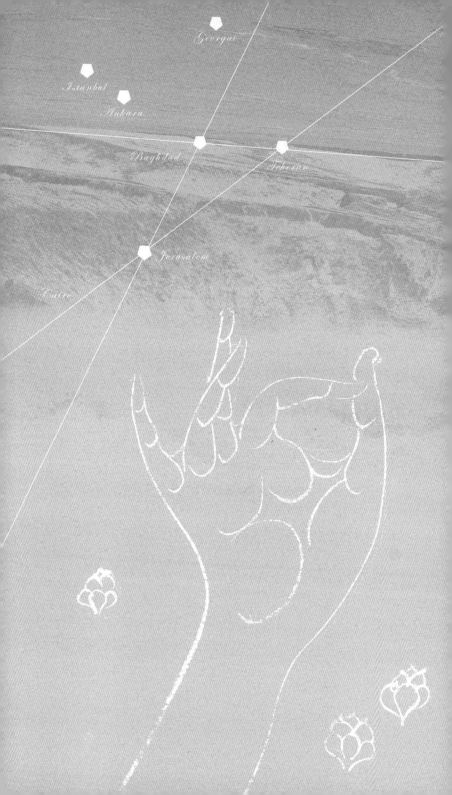

第十八章

魏晋南北朝法王

Enlightment of Silk Road Civilization

第十八章　魏晋南北朝法王

　　孔雀帝国的阿育王、贵霜帝国的迦腻色迦王、巴克特里亚希腊王国的弥兰陀王，都是佛教法王的代表性人物。他们弃恶扬善、皈依佛法的事迹，影响了魏晋南北朝时期的众多君主，因此也成就了石勒、苻坚、姚兴、拓跋氏诸君王、刘裕、刘义隆、萧道成、萧衍、陈霸先、陈蒨等君主的中土法王传统，成为魏晋南北朝乱局中一道闪耀着人文慈悲情怀光辉的风景线。

第 1 节　弥兰陀问经

　　"法王"一词在古象雄、古印度、尼泊尔、吐蕃等古国曾广泛沿用，当时有些国王依照佛法宣示的规则来管理国家、爱护百姓，人们就尊称他为"法王"。佛教史中曾流传有许多著名的法王故事，他们在世俗中掌握着生杀大权，一旦信奉佛教，就改变性情，大举善行，内心向往着更加高尚的精神世界。

　　历史上最著名的法王当属阿育王。他早年嗜杀成性，中年经高僧指点而幡然悔悟，成语"放下屠刀，立地成佛"特指阿育王的人生转折。他皈依佛门之后做了许多重要事情，例如组织了佛教史上第三次结集即"华氏城结集"，派遣传道师向世界传播佛法，为后来的法王树立了榜样。在阿育王之后，贵霜帝国的迦腻色迦王效仿阿育王，组织了佛教史上第四次结集即"迦湿弥罗结集"，进一步将佛法弘扬到广袤的东方大地。据史料记载，在中国的早期传道师中，贵霜僧人占据了绝大多数比例。阿育王和迦腻色迦王各自依靠强大的帝国实力和虔诚的宗教信仰，使自己成为名垂青史的法王。在他们两者之间，还有一位身份特殊的法王，这便是巴克特里亚希腊王国的米兰达国王。这位具有希腊血统、笃信希腊文化的君主，与一位名叫"那先比丘"的高僧进行了一场充满了思辨智慧的问答，留下了名篇"那先比丘问答"。米兰达国王本人因此皈依三宝，而他的称号也变为更具佛教色彩的"弥兰陀王"。

我们在前面论述阿育王传道事迹的章节中，曾提到传道师摩珂勒岂多在巴克特里亚希腊王国的传道是所有18位传道师中最成功的。摩珂勒岂多传道的时间，正是巴克特里亚总督狄奥多托斯宣布脱离塞琉古王朝而独立，并建立以"狄奥多托斯一世"为纪元的巴克特里亚希腊王国的转折时期，此时大约为公元前3世纪下半叶。摩珂勒岂多的传道之举，导致了阿姆河沿岸成了索罗亚斯德教与佛教冲突的战场，双方按事先约定在国王面前展开辩论，输者自觉离开。这种文化碰撞的方式，是东方古代的一种堪称伟大的传统，观点不同者都是通过堂堂正正的辩论一决高下，而非其他的权谋不轨举动，否则将为人们所不齿。先秦诸子百家时代如此，希腊城邦制诸贤时代如此，犹太先知与大卫所罗门时代如此，波斯追求光明与正义的索罗亚斯德时代如此，印度的佛陀、大雄时代亦如此，这正是轴心时代的一个重要特征。据史籍记载，赤手空拳的佛教传道师与已经取得国师地位的索罗亚斯德教祭司展开辩论，双方激辩几天几夜，最终佛教传道师胜出。对方便收拾一番体面离去，那个时代的风范令人唏嘘感叹。

希腊人之所以放弃琐罗亚斯德教而皈依佛教，其中很重要的原因是因为希腊人的"世界主义"观念，它使希腊人对于绝对真理有着一种与生俱来的向往，同时也使得他们对于新的高级信仰总是采取开放的态度。据记载，摩珂勒岂多在道场讲经之后，就立刻得到信徒17万人，当场自愿度为僧众者1万人；同时，国王决定驱逐索罗亚斯德教而扶植佛教。这种信仰的转变一直影响到巴克特里亚希腊王国最后一任国王——

弥兰陀王[1]。

史料记载，公元前158年一个春天的下午，弥兰陀王与佛教高僧那先比丘（Nagasena）盛装端坐在王宫里，进行了一场重要的对话。弥兰陀王虽对佛教敬重有加，但同时尚存许多疑惑，因此他想通过提出一系列提问与辩驳来释疑。用现在的语言来说，他想知道像他这样未出家的人是否也能达到觉悟；如果能的话，僧人们为什么要过禁欲苦修的日子？佛教徒们只要虔诚地供养佛陀的舍利，就能够前往西方极乐世界，可是为什么佛陀却告诫弟子们不要那么做？为什么佛教认为自我并不存在？涅槃是否是佛教徒所要达到的最高目标和所要实现的最终解脱？它的本质又是什么？等等。这是典型的希腊式思维。为了回答弥兰陀王的问题，特别是解答那些刚刚开始接触佛教的人们对佛教的疑惑与不解，那先比丘专程来到巴克特里亚进行开示。那先比丘用比喻的手法，把佛教中最微妙、最棘手的概念深入浅出地讲解给弥兰陀王听，比如弥兰陀王认为涅槃——人觉悟之后的那种最高境界可能根本就不存在。那先比丘以一种十分智慧的方式展开话题：

"陛下，世上是否有种被人们称作'风'的东西？"那先比丘问道。

而国王回答道："不错，确实有风。"

那先比丘又说："陛下，请你把风展示给我看好吗？它的颜色、形状、薄厚和长短。"

[1] 大夏王弥兰陀（梵文"Milinda"），希腊人，是一位年轻、博学、善辩、聪明、仁慈的国王，具备法律、哲学、瑜伽、算术、音乐、医药、历史、诗歌、交通等种种世间的学问。此外，也擅长战争、天文、巫术和符咒之术。弥兰陀王雄辩滔滔，喜欢与人论议。同时，他还以无可匹敌的英勇和谋略著称于世。当代印度人称他为"全印度最伟大的君王"。

国王答道："这是不可能的！风是抓不到的，但世上确实有种东西叫风。"

那先比丘说："所以说，陛下，'涅槃'是同样的道理。只不过没人能够说出它的颜色或形状。"

弥兰陀王对那先比丘的这种深入浅出、充满智慧的讲解心悦诚服，双方含笑进入下一个话题。这些事迹见于《弥兰陀问经》中。这本著作记录了弥兰陀王与那先比丘讨论的262个问题，最终弥兰陀王完全被那先比丘的精深佛理与论辩逻辑所折服，欣然皈依三宝。在这之后，弥兰陀王本着佛教中慈悲平等的理念治理国家，使国家中的百姓富足安康，也使他得到了人民的拥戴。据说他在晚年将王位传给了儿子，自己则出家为僧，最终证得了阿罗汉果位。由此可见，那先比丘对弥兰陀王的影响，不仅改变了这位国王的后半生，而且塑造了"信仰改变人心"的杰出范例。

《弥兰陀问经》[1]用隐喻的形式，揭示出一个重要事实：弥兰陀王所问，代表了希腊人的观念，他们注重灵魂的肉身化和具体化。也就是说，在希腊人的意识中是不允许某种尊贵精神不以实体形式展现出来，而只存在于概念之中；而那先比丘将抽象又玄妙的佛法义理，以抽丝剥茧般的论证方式把国王循循善诱到佛教的真理境界之中。那先比丘的践

---

[1]《陀兰陀问经》，在斯里兰卡是被视为巴利语三藏之外的经典，称为"Milinda-panha"。是记录希腊裔君主弥兰陀王与佛教僧那先比丘（Nagasena）的问答内容。汉译名《那先比丘经》（大正第32卷第694页。有二卷本与三卷本，译者皆不详）。弥兰陀王的希腊名为"Menandros"，音译为梵语"Milinda"。公元前2世纪后叶，统治阿富汗、印度，从旁遮普地区扩张疆域至恒河流域一带，建都于萨卡拉（Sagala），拥有较大势力。经典里，是从佛教教理及戒律等方面与那先比丘展开问答。最后说，王对佛教释疑，出家而得阿罗汉果。原典是以巴利语相传，为受人注目的佛教与希腊思想的交流记录。

行方式，往上承接阿育王传道师开创的传道，往下开启贵霜传道高僧以及五胡十六国时期僧人劝诫国王的智慧模式，为后世高僧劝谏君王提供了理论与方法的范本，通过使统治者信服而达成济世利民的效果，具有深远的历史意义。

第2节　法王传统之东渐

以上所描述的法王事迹，只是历史上诸多法王故事的一部分。这些君主或残暴或仁慈、或懦弱或英武，他们扶持佛教的动机和目的也不尽相同，但这并不妨碍法王的遗产——伟大的石窟、精美的佛像以及绚烂的壁画。这些由皇家支持的佛教艺术，成为我国宝贵的物质文化遗产的重要组成部分。

高僧对帝王施展教化并使其成为法王，这一传统是中国古代社会中宗教与政治关系的一个侧面；或者说在古代君主政治独尊的惯性下，政治接受宗教影响的一种特殊方式。高僧劝导帝王布施仁政的方式有多种，少数情况下高僧通过直接弘法感化可使得帝王最终皈依佛法，如皈依佛教的阿育王、弥兰陀王、梁武帝萧衍等；多数情况宗教对于政治的影响也并不都能使后者接受，如鸠摩罗什在凉州吕光的桎梏下度过了长达15年的晦暗日子，在此期间吕光父子鄙弃佛学，鸠摩罗什也只好"蕴其深解，无所之化"，只能收敛光华而不能一发普度众生之宏愿。而对于历史上因政治原因产生的"三武一宗"灭佛运动对佛教造成的伤害，就更不必多说了。

法王传统之东渐，是伴随着佛教向西域、中土传播而进行的，它与其他方向的传播有很大的不同。西边基本是希腊文化圈，人们对佛教义理的接受是以哲学思辨与逻辑陈述为切入点；南亚广大地区则是婆罗门教和其他图腾萨满崇拜的势力范围，君王威权与舍利宝物是使人们信服的保障。而在西域，各种影响汇聚于此，君王威权、舍利宝物，婆罗门教、耆那教的智慧，希腊式的哲学思辨和逻辑陈述，以及佛教传道与"法王传统"纵横交错、相互交融，呈现为某种混合形态。这种混合形态也可看作是在为真正进入中土做准备。由于中土文明是一个强大而自足的文明，佛教文明必须调动更多的能量方才能传道成功。

　　自释利房于公元前3世纪中期来到咸阳向秦始皇传道未果而被投入囚牢，到伊存于公元初年之交在洛阳的汉朝宫廷内口授"浮屠经"，到摄摩腾、竺法兰在东汉都城洛阳白马寺开展译经事业，再到安世高于公元148年在汉桓帝宫廷中传道，以及公元247年康僧会在孙权的宫殿说法传道……所有外来高僧大多是与帝王国君打交道，他们也在这个过程中慢慢地积累经验。终于，一位名叫法果的僧人彻底领悟了其中的道理，取得了最大的成功。据说，一次北魏道武帝拓跋珪骑马出行时遇到一位相貌不凡的年长高僧，心中一动，刚停下马来，未承想高僧跪下深深一拜，道武帝慌忙把他扶起说："听说佛教不礼世俗之人，大师为何违背教规如此跪下？"这位僧人就是法果大师，他正色说道："能弘道者即当今如来，老衲不是拜皇帝，乃是拜佛耳！"这种"帝佛一体"的直截了当说法令道武帝惊诧之余亦大为感动，越想越觉得尊佛教有利于整齐民心与国家安定，于是立刻下令尊佛教为国教，在朝中设立管理佛教事务的机构"监福曹"，任命法果为最高僧官"道人统"。法果身居高位仍十分简朴，太宗皇帝曾多次为他加官晋爵，授予他"辅国""忠信侯""安成公"等称号，都被法果辞绝。皇帝去他住所拜访，由于门庭窄小容不下轿舆车马，就为他扩大改建了门庭。法果大师以其高深的智慧和简朴的德行，为北魏王朝建立"法王传统"打下了深厚基础。尽管其间有魏太武帝的灭佛事件，但其后的反弹更加猛烈，云冈石窟"昙曜五窟"就是最好的证明。和平初年，昙曜代接任师贤"道人统"的职位，并将之改为"沙门统"；随后，昙曜受到孝文帝的命令开凿了规模空前的昙曜五窟，并依旨仿照五位皇帝的外貌建造佛像，终于完成了天竺、西域的法王传统向中土法王传统的转移；而中土法王传统的核心价值，就是佛陀的"慈悲情怀"与儒家的"恤民仁政"两者间的有机结合。

有一个现象值得注意：来中土传道的高僧，大多出身王公贵族。例如安世高是安息国的王子，康僧会是西域康居国大丞相的儿子，支谶、支亮、支谦虽不是王族，但也是大月氏的名门世家，等等。他们都有与王公贵族交往的丰富经验，因此善于把握君王的心理而随机应变、因势利导，化被动为主动。其中康僧会与孙权见面的故事值得玩味。当时孙权问康僧会："你传之道，有何灵验？"8个字显示出这位皇帝仍然是从神功法术的角度来看待传道之事的。康僧会则以阿育王建塔置遗骨舍利来论证。孙权的回答则直截了当："如果你能得舍利，我就为你建造寺塔，如果是虚夸妄语，国有法规，你必受刑。"在苦苦等待了三个7天之后，康僧会终于在宝瓶中获得舍利，孙权带领满朝文武大臣一起前来观看。五色光芒照耀到瓶外，孙权亲自拿瓶把舍利倒在铜盘上，铜盘立刻被穿透破碎；然后孙权按照康僧会说法，将舍利放在铁砧上，由大力士锤击，结果铁砧俱陷而舍利无损。孙权大为叹服，即命人为康僧会建造寺塔，名为"建初寺"。这里有两个问题：其一，孙权以神灵之功来作为对佛教的判断标准（疑似道家炼丹术的标准），对于素有人文传统的荆楚吴越地区来说不相符合，令人诧异；其二，有记载公元193年笮融已经在徐州下邳建造了浮屠寺与九镜塔，并说这开创了所有南方寺庙的先河，那么它们与50年之后方才建造的建初寺究竟是什么关系？这种矛盾现象本来在中国官方史书与地方志中多有存在，一定要论证出谁是谁非也没有非常大的必要性；实际上反映出中土大地在接受外来信仰时，宗教神迹与义理思辨常常混合在一起。

总体来说，僧人与君王双方还是能在一定程度的信任基础上相互合作，僧人可以通过各种手段来弘法；如彰显佛法"灵验"的灵异之法或是通过运用佛法中合理的内在逻辑来劝谏君主，从而取得君王的信任，进而达到"悯念苍生"及"志弘大法"的目的。

佛教虽以出世为宗旨，但"法王传统"却悄悄地将这个宗旨予以校正。以佛图澄为代表的高僧积极在"入世"规则中谋取佛教的发展，他们以世外僧侣的身份在政治领域留下了自己的印记，他们在劝谏君主的过程中践行了儒家的入世传统，并教化出一位又一位具有宗教品格的济世明君；而这些皈依佛法的法王也听从了高僧的劝诫，依照前辈法王的事例不断前行，在提升自身人格境界的同时，以仁政泽被百姓，当是乱世中的仁爱之举。站在大历史的视角上，中土法王的功业实际上已超越了中国王朝的轮转宿命，将具有普遍人性关怀的佛教文化传统扎根于中华文明之中。

以上叙述的法王传统东渐，形成了南中有北、北中有南，纵横交错、混合发展的局面，似乎很难把握；但经过数千年历史长河的沉淀，浮现出一个总的规律：佛教信仰以及法王传统不仅能征服草原民族首领的心，也能使中原帝王欣然接受，这正是佛教作为一种普遍性高级文明的特征。

第3节　魏晋南北朝时期的高僧与帝王

前面所说的"弥兰陀问经"的故事，展示了高僧如何劝谏君王皈依佛法，而这些高僧们不只在佛教义理方面对统治者进行引导，也在运用其他的一些方法，如以法王事例、艺术加工甚至魔幻表演等方式来巧妙疏导，以达到弘扬佛法、惠利苍生之目的。就这样，阿育王、弥兰陀王、迦腻色迦王所开创的法王精神逐渐深入中国大地，形成了中土的法王传统。

要讨论中国魏晋南北朝时期的法王传统，就必须从三国时代的孙权开始，他是两汉之后军阀混战、三国鼎立以来的第一位法王。孙权在吴蜀"夷陵之战"后在位30年，其间修养生息，发展经济，国泰民安；传统丝绸之路虽不畅通，但海上丝绸之路却获得长足发展，特别是疏通了异域高僧前来中土传道的途径。孙权接纳了支谶、支亮、支谦，以及大名鼎鼎的康僧会。支谶的全名是"支娄迦谶"，是来自贵霜帝国（大

建初寺（大报恩寺前身）
18世纪绘制的大报恩寺琉璃塔及远眺图景

月氏）的高僧。他在安世高来华20年后，于公元167年来到洛阳专事译经，后来到吴国译经传道。据记载，三国时期建造佛塔寺院70余座，孙权名下就过半，其中"建初寺"和"龙华寺"齐名，共同开创了"南朝四百八十寺"的繁盛局面，功大莫焉。

　　魏晋南北朝时期最早劝谏君主弘佛扬善的是高僧佛图澄[1]（231—348），他本姓帛，西域龟兹人。他9岁便出家为僧，自幼勤奋好学，曾两次到达罽宾（今克什米尔）求学，在那里学习并掌握了系统的佛学义理。西晋永嘉四年（310），85岁高龄的佛图澄来到洛阳，立志在中原弘扬佛法。当时的军阀石勒作为"八王之乱"中兴起的一股军事力量，不断发展，声势大振。他于公元319年建立了后赵政权。石勒因为出身奴隶，为自身生存而生性好杀，在其发迹早期，他的军队滥杀无辜，称汉族人为"两脚羊"，肆意屠戮。但后期却大为转变，其中与佛图澄密切相关。从公元313年开始，年事已高的佛图澄义无反顾地开始了如履薄冰的辅佐君主生涯。《高僧传》中对他此后30年间的经历多有记载，比如对灾祸一语成谶、造坛求雨乃至"起死回生"的事例。这些记述在如今看来有些神奇荒诞，但也是转化残暴君王思想的必要手段。石勒在以佛图澄为代表的一批高僧贤达之士的劝诫辅佐下，成为五胡十六国的第一位法王。《资治通鉴》记载，石勒的治国方针有八项：1. 根据需要设定高级职位并明确职责。建立社稷、宗庙与东西官署。确定天子的

---

[1]佛图澄大师（231—348），西域人。本姓帛氏（以姓氏论，应是龟兹人）。9岁在乌苌国出家，两度到罽宾（北天竺境筕毕试国，今克什米尔地区）学法。西域人都称他已经得道。晋怀帝永嘉四年（310）来到洛阳，时年已79岁。适逢永嘉之乱，先隐居草野，后投奔石勒，深得石勒及其侄石虎的宠信。佛图澄的著名弟子有法首、法祚、法常、法佐、僧慧、道进、道安、僧朗、竺法汰、竺法和、竺法雅、比丘尼安令首等。佛图澄的学说，史无所传，但从他的弟子如释道安、竺法汰等的理论造诣来推测佛图澄的学德，一定是很高超的。

车骑礼乐以及宫殿的制度。2. 将朝臣和大士族300户迁至都城襄国崇仁里，设置公族大夫统领，实行集中管理。3. 经常派使者巡行各地，减少农民一半地租，劝导他们搞好农业生产。4. 封赏有功之臣，死亡功臣之子赏加一等，对孤寡老人实行补贴。5. 指定专人负责编撰《上党国记》《大将军起居注》《大单于志》等典籍。6. 厘定习俗，禁止在服丧期间婚娶，禁止"报嫂"——即兄死后弟娶嫂为妻的旧习。7. 州郡每年推荐秀才、孝廉、贤良、直言与勇武之士各一人，国家从中择优进入编制内任职，后来参考汉朝选官制，举办州郡立学校，制定考试三次方才修成学业的制度，为隋唐王朝科举制度奠定了基础。8.在征战过程中能够礼贤下士，设立汉族贤士的"君子营"。如果这些事情是一位受过良好教育的皇帝的作为似不足为怪，但若是由一个目不识丁的军事强人皇帝干的，就令人啧啧称奇了。

在高僧劝谏君王的事例当中，以公元343年（建元三年）石虎遭败而质疑佛法时，佛图澄冒死劝诫一事最能体现其智慧。佛图澄没有直接针对后赵军的败绩作出解释，而是退一步称石虎前世积累功德而能在现世称王，转移了石虎的质疑，反而使其更加深信佛法。他还劝谏石虎："应多敬佛祖，不应该施行暴政，残害无辜。这样的话既可以使佛教兴隆，也可以使皇位永续，国君得福。"通过这种方法，佛图澄成功博得了统治者的支持，同时在民间树立了佛法威信，乃至于名声远播四方。不久，就有数十名天竺、康居的僧人穿越流沙，辗转万里来聆听佛图澄的教诲；甚至当时的名僧释道安、竺法雅放弃自己的道场，也来到佛图澄的身边学习。据记载，最盛时他的门徒达到了1万余人，为此，佛图澄在朝廷支持下修建了893所寺庙，使后赵国的佛法盛极一时。佛图澄与羯族枭雄石勒、石虎父子的关系，开创了中土入世高僧辅佐或影响君王的独特模式。

胸怀大志的前秦国君苻坚亦是法王中的佼佼者，与其他君王不一样，他以一种出人意料的方式来践行法王意志。苻坚为了两位高僧专门发动了两次战争，一次是公元378年派弟弟苻丕率军攻克襄阳得到释道安，另一次是公元383年派大将军吕光率军攻克龟兹得到鸠摩罗什。苻坚曾有两句流传史册的话："朕以十万之师攻取襄阳，唯得一人半。"其中一人指释道安，半人指习凿齿。释道安去往襄阳之前，其名声已传遍东晋，入襄阳后四方学者名士纷纷投奔门下，师从学习。当时东晋的封疆大吏——荆州刺史恒豁、襄阳镇守使朱序、宣威将军郗超、恒朗子、杨弘忠等对释道安礼遇有加，或请他讲法，或供养用物，食米千斛、金铜万斤；东晋孝武帝亲自下诏书表彰释道安，指令当地官府给他等同王公的俸禄。最奇葩的事情是：作为东晋敌国的前秦，苻坚也派人给释道安送上来自天竺的镏金佛像、金箔倚像、结珠弥勒像，因为他坚信："襄阳有释道安，是神器，方欲至之以辅朕躬。"这些事情说明了佛教信仰超越了民族国家的界限而显示出统一人心的力量，法王在中土大地又演化出一种新的版本。

有个有问题值得一提：苻坚为获得知名贤哲而不惜一战，是他自己的首创还是模仿？翻阅历史，300年前已有模板。当年迦腻色迦王的老师是佛教法师僧伽罗叉，这一传统延续至迦腻色迦王朝宫廷内，即广泛聘请佛教大师来教育王子。临近伽湿弥罗结集时，迦腻色迦王急需佛教顶级大师聚齐，情急之下，派遣军队进攻恒河地区的华氏城，强迫城主交出佛教大师马鸣。这招苻坚一下就学会了。

拿下襄阳之后，苻坚将释道安迎往长安，驻锡五重寺，备受推崇礼遇。释道安主持数千人的大道场和一个人才济济的翻译团队，所译经典以小乘说一切有部为主，也间或翻译部分大乘佛经，共译出佛经14部183卷，百余万言。释道安的杰出伟大在东晋名士习凿齿这里得到反证。习凿齿作为一代名士自视甚高，但对释道安却十分敬佩。他曾专门修书向谢安力荐释道安，称赞释道安法师知识渊博、学风严谨，不以神通惑众，全凭高超的智慧远见与道德学问律己教人，是世上罕见的一代大师。在国家大政方面，释道安对苻坚要跨过长江进攻东晋的主张提出过劝谏，一再阐明树立仁政而非攻伐的道理。但当时苻坚心气太高一时下不来，因而造成"淝水之战"的千古恨。这件事可以看出释道安在政治问题上以佛家的慈悲济世为价值取向。这种"仁政"观念体现了释道安的儒家思想成分，也预示着中国传统文化中儒释合流的开始。

姚兴是一位北朝的著名法王，他做过两件载入史册的大事。第一件可谓惊世骇俗：公元399年秋天，为了乞求天灾消除，姚兴自降帝号，自称为王并依附于东晋。本是后秦文桓帝的姚兴突然自贬一格降为王，弄得满朝大臣十分惶恐，于是纷纷上疏要求自贬，这是历史上绝无仅有的事！它说明姚兴的内心变化：如果天灾使自己无法实行仁政，那么就自贬一格。这令人想起汉武帝在"巫蛊之祸"真相大白之后向天下颁发《罪己诏》。两者的区别是明显的，后者是发现自己犯错后自罚，前者是在自己并无过错的天灾后对自己惩戒，其内心情怀是两个档次，而后者之高级正是拜佛教法王传统所赐。也正是在这一年，法显离开长安踏上了西行求法的旅程。第二件大事是姚兴在法显离开长安一年半之后即公元401年将鸠摩罗什迎入长安译经弘法，基本坐实了"北朝第一法王"的位置。

在与北方隔江对峙的南朝，也流传着法王的故事，第一位首推刘裕。公元412年（义熙八年）刘裕率军北伐，路过江陵时遇见从长安走的佛陀跋陀罗，甚为崇敬，邀归南下。次年春，佛陀跋陀罗随刘裕到达建康，被请住在道场寺。法显于同年秋天也到了道场寺。这一信息说明当时道场寺的规模宏大，能够同时安置刘裕请来的尊贵外宾天竺僧人佛陀跋陀罗、西行求法归来的中土高僧法显，以及协助翻译佛典的僧人团队。另外，刘裕让他的弟弟、徐州刺史刘道邻在彭城建造龙华寺，将法显大师带回的中土第一座印度风格的寺塔立在故乡彭城，其尊崇佛法的心迹表露无遗。

梁武帝萧衍是南朝最著名的法王，被后世称为"皇帝菩萨"。但是历代史书对萧衍的评价比较复杂，前期是崇文礼佛、布施仁政的明君，晚年则更倾向于佛法的迷信者，但从信仰史的角度来审视，可能会得出另一种评价。萧衍曾在他所作的《三教诗》中将佛教比做夜空中由繁星拱卫的明月，且他对于佛教的笃信并非纸上谈兵。据记载，他曾四次舍身同泰寺，而这四次舍身最终往往以群臣"以亿万钱奉赎菩萨皇帝"而告一段落。对于这种虔诚，史学家往往予以讥讽，但我们如果将梁武帝与弥兰陀王出家为僧的事迹相比较，则能在其中寻觅到信仰价值对世俗价值重塑的力量。正如杜牧的诗句所言，"南朝四百八十寺，多少楼台烟雨中"。千百年过去了，国家的兴衰终有定数，但我们依然可以通过这些诗句感受到南朝佛教文化兴盛的景象。如果没有宋武帝刘裕、梁武帝萧衍、陈武帝陈霸先、陈文帝陈蒨对于佛教事业的鼎力支持，就不会有史载的南朝1800座寺庙，就不会有长干寺与大报恩寺——佛顶骨舍利、玄奘顶骨舍利以及无数其他佛教宝藏的所在地，也不会有散布在建康（现南京、句容）一带的陵墓雕刻——天禄、麒麟、辟邪；它们正是南朝法王留给后世的遗产。

关于南朝的墓前瑞兽麒麟、天禄、辟邪，既是一段典型的丝绸之路的伟大故事，也是一篇南朝法王留给后世的美学印记。细心的人不难看出，麒麟、天禄、辟邪的原型是狮子，而狮子是西亚与北非特有的动物，最早的形象是埃及的狮身人面像。由于亚述帝国的扩张，狮子从尼罗河三角洲经过新月湾地区、阿拉伯半岛转移到小亚细亚与两河流域，

天禄

成为亚述帝国的权力标志。公元前6世纪，亚述的狮子被波斯帝国继承之后，对中亚和印度河流域产生了广泛的影响，并于公元前3世纪成为佛教护法象征。以"萨尔纳特阿育王法敕石柱"为代表，这一过程可称为"狮子的变容"。这其中包含一个重要的因素，即希腊化的影响。这一影响主要表现在狮子体量的合理化，从埃及狮身人面像的巨大体量、亚述狮子的强健体魄，转变为波斯狮子的中间阶段，以及希腊化狮子的合理体量。我们从中可以见到一条形而上的副线：古代闪米特文明的天文占卜学转变为希腊文明的数理几何学。

在佛教经变故事中，大象和老虎是故事的重要角色，如"舍身饲虎""象形施舍"等，但当佛教徒一见到狮子后便被它强烈吸引，并对

萨尔纳特狮子柱头

印度国徽

其寄予无限想象，尽管人们从未在生活中见过它。为什么人们会折服于一种从未见过的猛兽？这正是文明传播的秘密。或许，人们对狮子的认知，恰恰是通过信仰与艺术的渠道方才达成。它说明了一个道理：高级文明崇拜的动物，会引起周边其他文明的回应；佛教文明从西亚引入狮子来作为护法象征，而弃用本土猛兽——老虎、大象、犀牛，便体现了这一规律。在中土文化里，与狮子接近的是麒麟、天禄和辟邪，它们是中华民族形成时期各部族迁徙、征战、融合的象征，所谓"四角穿出、逐鹿中原"。各民族崇拜的图腾相互结合，终于形成天降神兽。它不仅成为东王公、西王母出游巡视的坐驾，后来又演变成南朝帝王陵墓的守护瑞兽。刘裕墓前的守护狮子被称为"麒麟"，是天竺护法雄狮与东王公驾乘的混合体；萧齐、萧梁时代帝王的墓前瑞兽则分为两种：天禄对应帝王，辟邪对应大臣。它们的姿态充分体现了天上的龙与翼、地下的狮与虎的对立统一，由传统云纹将其贯通；这大概是中印两大古代文明在图像方面相融互补的最典型案例。

本章启示：

佛教传统融入中原，在南朝和北朝有何不同体现？

佛教传统融入中原，在南朝和北朝有很大区别。对佛教的接纳与信服，北方更加彻底，而南方则有所保留。其主要原因，南方是中土文明大本营，儒道黄老思想根深蒂固，对外来信仰有一个思考消化的过程；而北方基本是少数民族政权，无传统文化负担，所以对高级文明与信仰能够开怀拥抱并矢志笃信。例如北方有许多法王与高僧的对应实例：石勒—佛图澄、姚兴—鸠摩罗什、拓跋珪—法果，拓跋濬—昙曜，拓跋宏—跋陀等，高僧对帝王产生直接影响。南朝则有"七僧七贤"，通过名僧贤达之间的智辩而相互交流，从而将佛学经典与诸子百家思想融通，七僧之首的支遁便是其代表。

最早的法王、高僧事迹是瞿陀对阿育王的劝诫，它不断激励着后世统治者们效仿，使法王传统由西向东逐步扩散在中亚、东亚大地上，并为中国帝王所接受。统治者们用世俗的权威践行着佛陀的理念，这其中固然有维持统治的因素，但另一方面则树立起了社会精神与道德层面的标杆，这对政权在良政的颁布与推行上都是有积极意义的。更为难得的是，法王的传统保存了历史中流传下来的文化和思想，这也是佛法延传至今的一个重要原因。

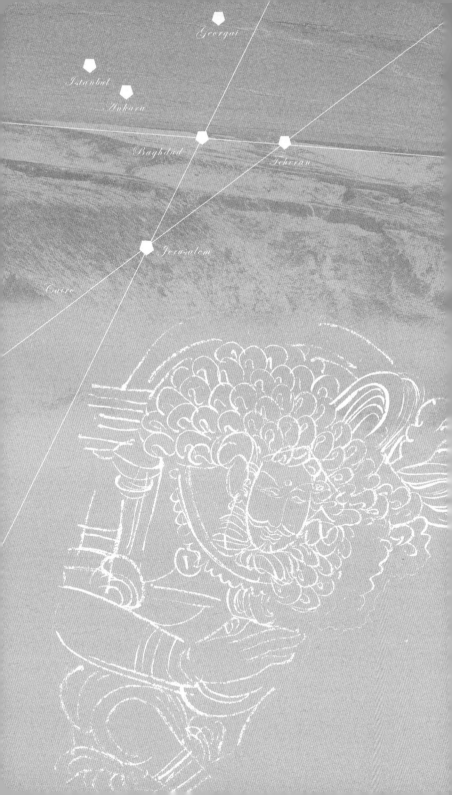

第十九章

"东方丝国"与
拜占庭帝国

Enlightment of Silk Road Civilization

第十九章 "东方丝国"与拜占庭帝国

丝绸之路在西方的终点是位于地中海的拜占庭帝国。这个千年帝国继承了罗马帝国的衣钵，全国上下狂热地喜爱丝绸。他们在查士丁尼大帝的统治期间获取了丝绸制作工艺，从而成为欧洲各国王室贵族心仪敬拜的中心。另一方面，中国也在与拜占庭帝国的交流过程中受益匪浅，开元盛世的长安之所以成为国际首善之都，来自遥远地中海的文化要素在里面起到了重大作用。

第 1 节 丝绸——罗马帝国的爱与痛

在古希腊人和罗马人的眼中，遥远的中国有一个好听的名字——"丝国"，直译是"赛里斯"（Seres），"Seres"被认为源于汉字"丝"，也是拉丁文"丝"（serica）一词的来源。汉语中以"纟"作偏旁的汉字之所以很多，与中国丝织业的久远与发达直接有关。

由丝绸这种材料制成的服装一经问世，便以其鲜亮的外观、轻柔的质地引起人们对它的喜爱，这种喜爱不仅仅在东亚世界，而且波及地中海地区。这是人性对美好事物向往的自然流露，丝毫不值得奇怪。作为丝绸之路终点的罗马帝国，尤其被这种神奇的物质所深深吸引。根据有记载可查的史料来看，罗马人第一次见到丝绸是在公元前53年。当时，与恺撒、庞培并称罗马"三巨头"的克拉苏，为建立战功以夺取"执政官"的位置，亲自率领5万罗马大军远征位于西亚的帕提亚帝国，在关键的卡莱战役中，罗马军团的"三线阵列"不敌帕提亚骑兵的"木鹿武器"，不仅战斗失利、军队溃败，克拉苏本人也被对方斩首。这场战争中曾有这样一个细节：在两军对阵时，帕提亚人突然展开色彩鲜艳的镶金军旗，在明晃晃的太阳底下大力挥舞。这些旗帜的材质犹如镜面一般，反射阳光显得耀眼刺目，这使得罗马士兵十分惊恐，在气势上先输一阵。读者已经猜到了，这些材质色彩奇特的旗帜就是由丝绸制成的。这场战争的失败让罗马人刻骨铭心，同时也使罗马人永远记住了丝绸。

而让罗马人更加切身感受到丝绸魅力的事件，是在距卡莱战役之后不久的恺撒时代。有一天，罗马的帝国剧场举行盛大的演出，恺撒大帝突然穿着一件前所未见的服装出现在剧场内，其绚丽的色彩、耀眼的光辉把全场观众惊得目瞪口呆。当然，这是由中国丝绸制作的长袍所引发的。演出的剧目尽管非常精彩，但贵族和观众们的目光却集中在恺撒身上，因为见多识广的罗马人从未见过如此事物！当时的罗马人一般都穿戴着由粗毛布制作的披风式长衫，贵族则穿着相比粗布显得轻柔透明的亚麻衣袍。这些由亚麻、羊毛纺织成的衣服即便制作精巧，相比丝绸来讲也是云泥之别，尤其对于追求高雅气度的罗马贵族而言，当他们一看到美丽轻柔的丝绸时，就像中了魔似的痴迷上了它，很快成为风靡罗马贵族社会的奢侈品。之所以说它是奢侈品，是因为在当时的罗马帝国，一磅高级丝绸料子（约10尺）要值12两黄金。为了获得中国的丝绸，罗马人不得不花费巨款进行购买，帝国辛苦积累的贵金属源源不断地流向东方。罗马学者老普林尼就曾为帝国大量购买东方丝绸而花费巨额金钱所担忧，数位罗马执政官也曾在公开演讲中恳切呼吁罗马人戒掉对丝绸的迷恋，有点像我们今天要求人们戒掉一些不良习惯一样；罗马皇帝奥勒留为刹住奢靡之风，甚至带头不穿丝绢的袍服，并下令禁止贵族穿戴丝织物。但不管怎样，从恺撒时代开始，轻盈美丽的丝绸对早已穿惯了葛布麻衣、厚重衣袍的罗马贵族产生了巨大的吸引力，这种来自遥远东方的神秘材料成为丝绸之路上最为走俏的货物，这也是"丝绸之路"名称由来的重要原因。

第2节　君士坦丁堡的丝绸魔术

罗马帝国的西方部分灭亡之后，其东方部分获得了发展的历史机遇。东罗马帝国史称"拜占庭帝国"，是指公元395年罗马帝国分裂后所产生的以君士坦丁堡为政治中心的国家，它在经历了1000多年的岁月之后方才于1453年被奥斯曼帝国所灭，因此也有"千年帝国"的雅号。

罗马帝国在北方蛮族的铁蹄下灰飞烟灭之后，拜占庭帝国在小亚细亚孑然而立，帝国认真总结了经验教训，对于以往的奢靡行为深刻反省。但有一点却有过之而无不及，那就是对丝绸的狂热喜爱，尤其是皇室贵族。为了能够持续不断地获得丝绸，拜占庭帝国与取代帕提亚帝国的萨珊波斯帝国协商并开设了多个通商口岸。从此，两大帝国在这些通商口岸进行了长达大约两个世纪的稳定的丝绸贸易。由于萨珊波斯帝国正好在丝绸之路的要道上，所以能够对过往的商队收取重税并获得丰厚利益。被转卖到拜占庭的丝绸价格往往已增加了几十倍，拜占庭人有点受不了了。对此，历任拜占庭君主都希望打破萨珊波斯帝国对丝绸贸易的垄断地位。一个契机终于来到了。公元6世纪上半叶，由于海上商路渐趋畅通，锡兰（斯里兰卡）成为地中海—印度洋商贸活动的重要中转站。公元531年，查士丁尼皇帝劝诱北非的埃塞俄比亚人前往锡兰购买丝绸，然后运回地中海的君士坦丁堡，这样埃塞俄比亚和拜占庭都可以从中获益，主要目的是不把多余的金钱送给拜占庭的对手萨珊波斯。但是这个计划执行了没有多久，就在萨珊波斯的威胁、破坏和反击中宣告破产。无奈的查士丁尼大帝又请邻近的突厥可汗从中调解与萨珊波斯的关系，不料波斯王因为丝绸利益之事誓不接受调解，杀了突厥可汗的使臣，双方矛盾立刻激化。公元571年，拜占庭联合突厥讨伐萨珊波斯，爆发了长达20年的"丝绢之战"，竟然未分胜负！

在那些年间，地中海世界蚕丝奇缺，丝绸价格飞涨，丝织加工业陷入停顿。根据历史学家普罗可比在《哥特战争》中的记载，查士丁尼大帝急于自己发展蚕桑丝绸业，派人到处探访解困的门路。功夫不负有心人，终于有一名到过东方的传教士要求觐见查士丁尼大帝，声称他了解蚕桑的生产方法。说到做到，这位传教士将蚕种和桑籽藏在竹杖之中，花了一年时间带回君士坦丁堡。他指导罗马人将蚕种埋入地下，又将桑籽放在怀中像孵小鸡一样去孵化，结果当然是失败。这个大笑话传到了几个在君士坦丁堡的印度僧人那里，他们教给罗马人正确的培养繁殖技术，从此以后，桑蚕养殖业便在拜占庭的领土上兴盛了起来。养蚕技术的传入使查士丁尼大帝获得了"丝绸之帝"的美称。

这件看起来很传奇的事情，使我们透过语言似乎触碰到一个历史上的空白。但问题来了：印度和拜占庭不仅远隔千山万水，而且两国是完全不同的宗教信仰体系，查士丁尼大帝为什么会与印度僧人有联系呢？诸多历史的信息碎片可以还原出这样一幅图景：公元前3世纪，阿育王天下传播佛教，传道师们曾经到过地中海地区，巴比伦一度成为佛学之都，这可从公元3世纪亚历山大学者普罗提诺一心想去两河流域寻找古代典籍得到反证。另一方面，当北印度的巴克特里亚希腊王国信奉佛教之后，由于共同母语的原因，希腊语文化圈之间的联系克服了宗教信仰变化而始终没断，因此，北印度佛教高僧与拜占庭过往从密顺理成章。这说明在古代，文化域的影响往往超出民族国家的界限而发挥作用。

刚刚接触蚕桑业的拜占庭帝国由于技术和产量等原因，依然需要从波斯进口生丝，而突厥人的崛起为解决这一问题提供了助力。突厥在地缘上更接近丝绸的出产地中国，他们征服了具有经商传统的粟特人，然

拜占庭艺术

后在那里囤积了大量的丝绸。为了能与拜占庭直接进行贸易，公元568年，突厥—粟特人派遣使团打通了南俄草原—高加索山区这条线路，成功抵达君士坦丁堡，并且得到了查士丁尼二世的接见。由此，另一条草原丝绸之路，即中原—突厥—粟特—拜占庭的商旅线路得以开通。

正是在这一过程中，中国丝绸慢慢由高端稀缺的贸易品发展为大宗商品，并进一步作为技术而非单纯的货物进行交易。无论是丝绸的货物贸易或是技术引进，都得到了沿线国家统治阶级的高度重视与垄断式保护，并落地生根且长足发展。查士丁尼大帝在位时期，进口生丝由政府统一定价，丝绸生产为官办的纺织厂垄断，经营上也规定由国家专营。可以说从采买到生产销售，丝绸的纺织到成衣，这一当时重要的社会及经济资源完全掌握在帝国政府的强力控制之中。在查士丁尼大帝去世之后，由于拜占庭帝国本身的丝织业发展了起来，丝织业中的私人行会得到法律承认，丝织品从国家控制专营商品转而变成了普通商品。这一时期，君士坦丁堡、贝鲁特、安条克、尼西亚以及大马士革，乃至埃及的亚历山大、孟菲斯、底比斯等地都建起了丝织工厂。桑树也在这些地区普遍种植，希腊的伯罗奔尼撒半岛更有"桑树之地"的美誉。

在有了专门的丝绸纺织机构后，丝绸面料在拜占庭人的生活中大量应用，人们认为只有用丝绸纺织的衣物才是高贵身份的象征。《仪式书》中记载了当时奢华的宫廷生活，其中说到在皇宫中设有专门储藏丝绸衣物和装饰品的房间。拜占庭贵族男女最喜欢的服饰是"达尔马提克"，这是在罗马传统的"丘尼卡"服饰上演变而来的长袖直筒的外衣。这种长外衣多是用丝绸来制成，并且在衣身、袖口和裙摆上装饰有精致的刺绣，再加上镶嵌有宝石的腰带，尽显尊贵之气。在宗教服饰方面，丝绸亦占有重要地位，许多宗教法衣多是由丝绸制作成的，以彰显天国的荣耀。据记载，查理曼大帝就曾经收到多件由罗马教皇以及拜占庭皇帝赠送的丝质大法衣。由于拜占庭皇室贵族大量运用丝绸和其他珍贵材料装饰衣物，因此拜占庭时期的服饰在服装史上被称为"奢华的时代"。当时西欧各国统治者对拜占庭的服装趋之若鹜，不惜花重金购买成品并学习技术。过了几百年，丝绸生产和纺织技术方才从拜占庭传播到意大利及法国，并进一步影响整个欧洲。

欧洲获得蚕桑技术首先得益于阿拉伯人对近东的征服，以及9世纪之后对地中海诸岛的短期占领，通过战争，原拜占庭辖地的蚕桑及丝织技术向外传播。12世纪入主意大利南部的西西里公爵罗哲尔二世对意大利蚕桑丝织业的崛起起到了关键作用，他曾入侵拜占庭的底比斯，把大批丝织工人掳为战俘，连同他们的丝织品一道带回西西里岛，这使南部意大利迅速成为全欧洲最重要的丝织业中心之一。到15世纪，随着拜占庭帝国的彻底衰落和灭亡，意大利完全取而代之，获得了欧洲丝绸生产与出口的垄断地位。法国是接替意大利成为欧洲丝织中心的下一个国家，其丝织业的盛期在法王路易十一统治的15世纪。他积极从意大利丝织重镇招来大批织工，并且给这些丝织工人以较高的自由及待遇，为发展丝织业夯实了基础。由于欧洲社会经济的快速发展，15—17世纪的法国对丝织品这类的高级消费品已产生了较旺盛的需求，不久，法国取代意大利成为17世纪欧洲丝织服装业的执牛耳者。而这一切，皆源自拜占庭帝国在1000年前导演的"丝绸魔术"。

第3节　拜占庭金币之谜

在北魏末代君主节闵帝元恭的墓葬中，曾出土了一枚拜占庭金币，上面镌刻有拜占庭皇帝阿纳斯塔修斯的头像。这是一枚"索里德"金币，表面非常光洁，几乎没有任何磨损，说明它并不是当时的流通货币，而是专供把玩的进贡物品。引申一下，这枚金币可看作是洛阳政权与君士坦丁堡政权之间相互示好的象征。那么这里面究竟蕴含着怎样的故事呢？

在中国发现的拜占庭金币不在少数，数量最多的是拜占庭皇帝阿纳斯塔修斯一世发行的"索里德"金币。索里德是拜占庭帝国的基准货币，对国家的金融安全有着重要的战略意义，因此帝国政府对于索里德的制作发行严格管控，其含金量始终保持在99%以上，重量在4.5克。实际生活中因使用的磨损，索里德的重量会有所减少，出于金融信誉，帝国政府对金币采取定期回收、重新制作的政策。

继罗马金银币和贵霜金银币之后，拜占庭金币在很长时期内一直是古代东方世界的标准货币，其他地区只有制作仿制品的份儿。仿制品在黄金成色与重量、币面图案的风格上存在差异；最重要的是仿制品普遍存在剪边和穿孔现象。据专家考证推测，厌哒汗国在得到索里德金币之后，将外缘的黄金仔细地剔除掉留作他用，被剪边之后的金币继续用于流通。金币和仿制品上还被穿孔，是把金币用来做装饰物的精密工艺。这似乎说明了拜占庭金币唤起了白匈奴人对于古老的黄金制作工艺的回忆，它曾经蕴藏在斯基泰人的漫长迁徙过程中，成为欧亚大陆草原民族血脉中的共同记忆。

由于千山万水的阻隔，中国和拜占庭帝国对双方的了解都是模糊的，从两国文献记载中可以看出，双方长期处于互相"景仰"的状态。如《后汉书·西域传》[1]中记载："自此南乘海乃通大秦。其土多海西

---

[1] 东汉和帝永元九年（97），班超经略西域大获成功时派遣甘英出使大秦的外交活动，是古代中西关系史上的重大事件之一，对中国人域外知识的扩展有重要影响。《后汉书·西域传》对此有明确的记载："和帝永元九年，都护班超遣甘英使大秦。抵条支。临大海欲渡，而安息西界船人谓英曰：'海水广大，往来者逢善风，三月乃得渡。若遇迟风，亦有二岁者，故入海者皆赍三岁粮。海中善使人思土恋慕，数有死亡者。'英闻之乃止。"

珍奇异物焉。" 在其他中国典籍里对拜占庭帝国有两种称呼："大秦"和"拂菻"。"大秦"是中国对罗马帝国、特别是其东部领土的称呼，主要见于隋唐之前的文献，隋唐时期则称罗马帝国分裂后而形成的拜占庭帝国为"拂菻"；而到了唐中期，"拂菻"和"大秦"的称谓逐渐合二为一。到了唐代，中国和拜占庭帝国有了密切的官方接触，据《旧唐书·西域传》[1]以及《册府元龟》[2]中的记载，从贞观十七年（643）到天宝元年（742）的100年间，拂菻（拜占庭）前后七次派出遣唐使访问中国。此外，还有诸多手册杂记对拜占庭帝国的物产、人物、宫室等有着想象性的记述，均体现出时人对于地中海地区的美好想象。最后关于拜占庭帝国的官方记载见于《明史·拂菻传》："拂菻，即汉大秦，桓帝时始通中国。"明代建国后不到百年，拜占庭帝国即陨落了，因此这简短的13个字可视为中国古代王朝对拜占庭帝国认知的一个历史性总结。

反过来看，拜占庭帝国对中国的文献记载多为溢美之词，也许是丝绸形成的总体印象。那时西方称中国为"赛林达""秦尼扎""桃花石"或"塞纳"等。4世纪初拜占庭建国时，有中国和印度的使者前往祝贺，被拜占庭的官员记载在史书中，作家塞奥菲拉克特写道："桃花石（中国）是一座著名的城市，距突厥人的地方有1500千米，那里的

---

[1] 五代后晋时官修的《旧唐书》原名《唐书》，宋代欧阳修、宋祁等编写的《新唐书》问世后，才改称《旧唐书》。《旧唐书》共200卷，包括本纪20卷、志30卷、列传150卷。由于成书仓促，所以对于唐代晚期史事的记述，仍显得粗糙，在材料的占有与剪裁、体例的完整、文字的简洁等方面，都存在不少缺点。

[2]《册府元龟》，北宋四大部书之一，是政事历史百科全书性质的史学类书。景德二年（1005），宋真宗赵恒命王钦若、杨亿、孙奭等18人一同编修历代君臣事迹。《册府元龟》与《太平广记》《太平御览》《文苑英华》合称"宋四大书"，而《册府元龟》的规模，居四大书之首，数倍于其他各书。其中唐、五代史事部分，是《册府元龟》的精华所在，不少史料为该书所仅见，即使与正史重复者，亦有校勘价值。

居民勇敢且身材高大，生活中充满智慧，是地上任何的民族所不能比拟的……"足以见当时的拜占庭人对遥远东方古国的美好想象。学者科斯马斯也在著作《基督教世界风情记》里对中国多有描述，其中写道："如果有人为了从事可怜的贸易而获得丝绸，是不惜一切旅行前往大地尽头的。他们怎么会犹豫前往能享受看到天堂本身的地方呢！"当时拜占庭人甚至把丝绸的生产地与天堂对应起来。

实际上，两国间的历史记忆不仅仅存在于文献当中，在物质层面也有许多交往的证据。就拿我国境内近些年出土的器物来看，其中有相当数量的文物是有关拜占庭的，如金币、琉璃、金银器等。除了前面所说的拜占庭金币之外，在玻璃器制作方面，拜占庭具有很多的优势。《后汉书》对拜占庭的玻璃工艺有如下记载："宫室皆以水晶为柱，食器亦然。"这里的"水晶"指的就是玻璃器皿，说明了拜占庭发达的玻璃制作工艺，当然这份发达也影响到了遥远的中国。自20世纪50年代以来，中国境内出土了许多拜占庭时期的玻璃制品，如辽宁北票冯素弗墓（北燕，415年）出土的鸭形器、河北景县封氏墓群出土的波纹碗（北魏，6世纪初）等。这种影响在历史的曲折进程中，也通过其他文明载体对中国渗透。在唐代墓葬和窖藏中曾出土了大量的伊斯兰玻璃器，它们体现出拜占庭玻璃器皿的制作工艺对其他文明的影响，然后又回过来对中国产生间接的影响。拜占庭的金银器皿作为一种更具实用性的设计，不仅有实物流传到我国，其形制还对我国的本土金银器产生了显著的影响。如唐代出现的类似高足杯的金银器皿，就是拜占庭风格影响下的产物。此外，1983年宁夏固原李贤墓（北周天和四年，569年）出土的鎏金银胡瓶属于萨珊波斯的制品，但是瓶体上却出现了希腊神话故事的图案，这正是丝绸之路将沿线各个文明相互融通的例证。

中国的丝绸为拜占庭人追求高贵生活提供了物质保证，而源自拜占庭的许多手工技艺也提高了当时中国人的生活质量。双方在贸易往来与文化交流过程中，共同将丝绸之路的繁盛推向了一个高潮；但总起来看，由于古代落后的交通条件和山水阻隔，中国与拜占庭两大文明只能在稀少的信息中相互窥探。

本章启示:

中国以丝绸为代表的出口产品对拜占庭的审美及艺术产生了怎样的影响?

中国丝绸不仅对拜占庭帝国的审美与艺术产生了长久的影响,而且有助于君士坦丁堡皇室长期保持对西方民族国家的文化宗主权。例如,自从查理曼大帝加冕时教皇利奥三世授予他一件丝绸皇袍以来,拜占庭帝国基本垄断了西方皇室贵戚们的服饰定制事宜,这些服饰都是柔软华贵的丝绸织物,象征着脱离野蛮愚昧之后进入文雅高贵层面,那时的西方贵族都以能够在君士坦丁堡定制服饰为荣。拜占庭文明虽然已经消逝了,但是它散落的火种却点燃了欧洲文艺复兴;它作为东西方古代文明交流的枢纽曾经起过的作用,恰恰是今天我们提倡的"东方文艺复兴"的资源,历史文明的互为观照正在书写21世纪的篇章。

第二十章

尉迟王族与于阗画派

Enlightment of Silk Road Civilization

第二十章　尉迟王族与于阗画派

　　于阗王国是古代西域著名古国，地处中华文明、印度文明、希腊文明以及中亚文明的交汇处。正是多种文明的滋养，使于阗的艺术家们创造出了不朽的佛教艺术，其中的"屈铁盘丝"线描样式，与"春蚕吐丝""曹衣出水""吴带当风"并列为中国古代四大线描体系，对中国绘画形成了深远的影响。

第 1 节　于阗的历史文脉

　　在中国广袤的西北内陆，曾存在过一批大小不等的绿洲国家，它们星罗棋布地散布于塔克拉玛干沙漠的边缘，这其中最为著名的便是于阗国。这个国家在兴起和衰落的过程中都充满了扑朔迷离的色彩，我们可通过历史遗迹和文献记载去感受这已被风沙湮灭的国度曾经的辉煌，同时也可以通过留存于世的古代画论、宋人临本而一窥于阗画派的艺术特征以及其背后深刻的文化线索。

　　于阗国究竟在何时建立至今仍是个未解之谜。正如我们的祖先运用神话来构筑上古历史一样，于阗人也用传说来弥补自身民族早期历史的空白。在藏文《大藏经》[1]中的《于阗国授

---

[1]《大藏经》为佛教经典的总集，简称为"藏经"，又称"一切经"，有多个版本，比如乾隆藏、嘉兴藏等。现存的《大藏经》，按文字的不同可分为汉文、藏文、巴利语三大体系。这些《大藏经》又被翻译成西夏文、日文、蒙古文、满文等。

记》[1]中记载了这样一个故事：阿育王王妃出浴时，见上空中毗沙门和他的随从凌空而过。王妃因见毗沙门绝美之形，日夜思念而受孕，生下一个儿子，并被预言福德深厚，将在阿育王死前就坐上王位。阿育王暴怒，抛弃了这个儿子。但这个婴儿依靠大地中隆起的乳房活了下来，因此得名"地乳"。当时，有汉王菩萨命中注定有千女，但苦于少一子，祈请毗沙门，毗沙门便将地乳送给汉王为义子。长大后的地乳向西而行，寻找自己出生的国度，由此到达了于阗。恰巧，阿育王的大臣耶舍因故也来到于阗，地乳从耶舍那里得知身世，两人决定于于阗建国。不料二人因建国过程中的利益冲突，几乎兵戎相见，但在毗沙门和功德天女的调解下，决定地乳为王、耶舍为臣。从此，耶舍带的印度人与地乳带的汉人分居白玉河的上下游。

这些传说虽然充满传奇色彩，却表达了一个根本的信息：早期于阗的居民是从异地迁徙而来，并形成了多元共存的族群社会。根据当代科学尤其是现代分子人类学的考证成果，我们得知于阗早期的居民包括伊朗的西徐亚人、印度人和汉人。于阗人主要语言是印欧语系伊朗语族的东伊朗语支，又称"阗塞语"，族群聚居地处于塔里木盆地南沿，东通且末、鄯善，西通莎车、疏勒，全盛时领地包括今和田、皮山、墨玉、洛浦、策勒、民丰等县市，都城在西城，即如今的和田约特干遗址。

---

[1] 在我国新疆维吾尔自治区的西南端，昆仑山下、大漠边缘，玉河奔流。和田绿洲上曾崛起过一个西域强国于阗。于阗在汉代即被纳入中央政权的版图，唐代时更作为"安西四镇"之一，成为唐代经营西域的重要支点。在这里，佛教盛行，艺术发达，商旅不绝，东西方多种文明交汇、碰撞、融合。于阗历来是一个充满神话传说的地方。《大唐西域记》《于阗国授记》《于阗教法史》等文献，记载了许多有关于阗的神话传说。这些神话传说，其中不少都与于阗的宗教信仰相关，其中自然难免有附会、演义甚至夸张、臆想成分。如果剥去传奇与演义的外衣，可解读出隐藏其中的历史真实：于阗文明的产生与发展，本身就是多种文明、多个宗教、多个人群、多种文字碰撞、交汇、融合的生动诠释。

按学界的共识，于阗国由尉迟氏所建立，时间大约为公元前237年左右，其国名最早见于《史记·大宛传》。在信仰层面，第三代王尉迟散跋婆（普胜生）即位的第五年，佛法兴起。在国体层面，于阗国西汉时期归属汉朝，从此开始了与中原王朝长达千年的密切交流。两汉、三国之后的魏晋南北朝时期，于阗继续向中原王朝朝贡，相继兼并了戎卢、渠勒、皮山等一系列小国，成为当时西域数一数二的大国。但在北魏年间，于阗国命运多舛，屡遭柔然、吐谷浑的入侵，致使其国势渐衰。

大唐贞观之治是中古社会进入到一个崭新时段的标志，盛唐气象已隐隐浮现，此时于阗国再次与中原王朝建立了行政上的联系。贞观二十二年（648）唐设"安西四镇"，于阗正式归入中国版图。毫无疑问，这个事件显示了当年中华文明对周边地区政治、军事、文化、经济等方面的强大影响力。公元912年，尉迟婆拔继位当上了于阗王后，自称为唐朝的属国，并被赐予国姓，称"李圣天"。从此，于阗政权也称作"于阗李氏王朝"；即使这时唐朝已崩溃分裂，于阗国王仍以属国的身份朝觐当时占据长安的后晋朝廷。终于在11世纪初时被信奉伊斯兰教的喀喇汗国所灭，自此从历史的舞台中消失。

根据玄奘的《大唐西域记》卷十二记载："于阗国人性温恭，知礼仪，崇尚佛法，伽蓝百余所，僧徒5000余人，并习大乘佛教。"文献中寥寥数语是无法让我们完整领会到当年古于阗国盛况的，正如亚里士多德所说"诗歌比历史还要真实"，这其中的内在含义唯有艺术品才会给人们对其所处社会以直观体认，激发起人们对历史更为形象的感知，所以我们把焦距对准于阗佛教艺术。于阗作为一大佛国，其艺术成就集中在以佛教为主题的艺术形式中。根据现有的考古记录，于阗出土了大量的佛教经典文书、寺院堂塔遗址、壁画、塑像、铸像等佛教艺术品。

在最近的达玛沟托普鲁克墩遗址的考古中，有大量的于阗寺院壁画被发现。这些残片于2014年在上海博物馆展出时，尽管是残片，但人们仍然能强烈感受到壁画中绽放的璀璨光芒。透过这些壁画，我们看到了于阗的壁画从早期犍陀罗风格发展成粗线条框架式的构图，直到最后以"屈铁盘丝"线条成型的于阗艺术风格之洋洋大观。

第2节　曹衣出水与屈铁盘丝

于阗画派产生的原因究竟是什么呢？我们认为，于阗画派作为一个独立的艺术板块，无论是早期或成熟期，都受到两大主体文明的影响，其一是希腊、印度文化，其二是中原文化。在亚历山大东征和广泛传播希腊文化的过程中，希腊式的造型原则——"心身至善""体液平衡""黄金比例"，与佛陀的精神高度以及人性关怀汇聚成一种强大的力量，它一扫传统的模仿自然界动植物的造型习惯，而以一种跨文化的造型意识取代之，掀开了东方圣像造型史的崭新一页。其希腊文化与佛教信仰融合之后所形成的犍陀罗佛像如今已成为一种既定的历史文化概念。它从公元前2世纪发轫到公元4世纪衰落，大致可分为"前犍陀罗"与"后犍陀罗"两个阶段。"后犍陀罗"即后贵霜与笈多时期，这时犍陀罗风格已与早期的希腊风格有所偏离，形成希腊化掺杂中亚草原本土化的佛像造型体系，并随着佛教的广泛传播，对整个亚洲大陆佛教艺术发展均产生了重大影响，于阗佛教艺术与这个体系密切相关。

从地理位置来看，于阗正好是东西南北各方交汇的一个关键节点，同时受到东西方文化的影响，于阗画派可以说是中古时代东西方文明碰撞与交流的结果。一方面，它与欧洲与印度的渊源使其深受犍陀罗文化的影响；另一方面，于阗与中原地区频繁的政治来往也使它吸收了大量中原文化要素，如金石、书法、绘画乃至音乐、剑道、舞蹈等多种艺术类别。我们从史料中得知，不少于阗描绘佛像的高手来到中原为当时的朝廷服务。这一时期，中华大地文化鼎盛、人才辈出，于阗的画家们在这里与当时的名家进行了充分交流与相互学习，一些艺术家吸收借鉴了中原艺术风格而成为一代宗师，美术史上素有"吴带当风，曹衣出水"美称的曹仲达便是其中之一。曹仲达是中国南北朝时期著名画家，生活在公元5、6世纪，其具体生卒年份已无法考证。人们一般认为他来自中亚曹国，也就是现今乌兹别克斯坦的撒马尔罕一带。因北齐的君王不愿一味延续北魏时期盛行的犍陀罗、笈多风格而力主复兴天竺的萨尔纳特佛像风格，故而重用少数族裔艺术家，这使得曹仲达生逢其时。据史书记载，曹仲达擅画人物、肖像及佛教图景，尤精于外国佛像。由于历代的战乱诸多原因，曹仲达并无作品传世，我们只能从现存的魏晋南北朝时期佛像中推断出他的风格与影响。

文献是这样记载曹仲达的艺术特点的，唐彦悰的《后画录》[1]中用简约的16个字来形容曹仲达的艺术风格："曹师于袁，冰寒于水。外国佛像，亡竞于时。"意思是说：曹仲达曾以袁倩父子为师，但弟子学自老师，本事反而超过老师。至于画天竺佛像，则是曹仲达的看家本领，没有任何人可以与之竞争并超过他。北宋的评论家郭若虚[2]曾经这样总结道：北齐的大画家曹仲达，原来是粟特的曹国人氏，他画的佛像极其工整，与另一位大画家吴道子共同闻名天下。两者若比较之，曹仲达的

[1]《后画录》成书于贞观九年（635），书中就所见长安名画，系以品题，计27人，因"曹、姚之徒，已标前录；张、谢之伍，之续品"，为续姚最《续画品》，故"名曰《后画录》"。此书对各画家品评之语较《古画品录》《续画品》更简，其主要内容在于指出各画家的师法传承关系、擅长的题材、风格，以及主要的艺术技巧。
[2] 郭若虚，宋代太原人，生卒年不详。为著名的书画鉴赏和画史评论家。有《图画见闻志》传世。郭若虚世居太原，出身于北宋初期的豪门望族。

线条，笔法稠密重叠，人物服装紧紧地绷在身体上，表现出胡服窄袖的韵味；而吴道子的线条，笔势转折圆润，宽大的袖袍似乎飘举起来。因此后代人称之为"曹衣出水，吴带当风"。

关键问题在于曹仲达自辟蹊径、独树一帜的艺术风格的资源究竟来自何方？与其自身的经历有什么联系？曹仲达本人的复杂经历似乎能说明这一问题。他曾在中土大地辗转五个国家，一方面历经体制上的坎坷波折，另一方面也充分吸取了各门各派的精华。画史中记载，曹仲达有两位老师——周昙研、袁昂，均为南齐人。他在南齐学成后，北上去了东魏、北齐的王都邺城。曹仲达在东魏时已开始服务朝廷，但作画声名最盛之时是在北齐，被朝廷任命为朝散大夫，接着又凭借绘画盛名被北周、隋朝礼聘，在长安作画。这个经历实在太丰富了，一般人折腾不起；但也生动说明当时各国对佛教艺术重视的程度，只要是技高一筹的艺术大师，不论来自何方，不管原先服务于哪一个朝廷，都会高薪聘请，就像当今社会追求名教头和足球明星一样。

总之，有一点毋庸置疑，曹仲达是在博取东西南北众画派精华之后确定了自己的艺术风格的。其中容易忽略的是曹仲达对印度、天竺艺术风格异常敏感，要远远超出中原的其他画家。正因为曹仲达拥有这一别人很难具备的资源，令他脱颖而出，并以独树一帜的艺术风格彪炳美术史。曹仲达的"曹衣出水"有很大一部分来自希腊"湿水衣褶"的启发，后者是希腊鼎盛时期雕像的重要特征。在广大中亚地区被希腊文化影响的过程中，"湿水衣褶"成为表现佛像的一个重要手法，因为它恰好符合佛陀"出污泥而不染"的理想，而被赋予了新的意义，进而成为塑造佛像的主要造型语言。曹仲达对"湿水衣褶"有深刻理解，在此基础上进行了不懈的艰苦探索，将汉简的书法笔画与中土的行云流水纹样融会贯通，终于创造出自己的独特绘画风格，在唐代时期被列为典范，与张僧繇的"张家样"、吴道子的"吴家样"以及周昉的"周家样",并列为秉承魏晋顾恺之、陆探微经典画风的四大风格范式。

正是这个"曹家样",开辟了一个重要的画派——于阗画派。曹仲达的后继者尉迟乙僧,以"屈铁盘丝"(又称"铁线描"),特立独行于唐代群雄并立的画坛,获得了评论界"与顾陆为友"的赞许。对于少数民族的画家来说,这是一个非常高的评价。

第3节　尉迟乙僧与于阗画派

要讨论唐代绘画大师尉迟乙僧,首先应从他的身世背景开始。尉迟乙僧是于阗国人,也有人说他是吐火罗国人。公元632年即唐贞观六年,玄奘西行取经归国后不久,于阗王伏阇信亲自举荐大画家尉迟跋质那的儿子尉迟乙僧入长安,因这位刚满20岁的年轻人具有"丹青奇妙"的非凡才能。唐太宗李世民爱惜人才,经考查后授予尉迟乙僧以"宿卫官"头衔,后又被获准袭封"郡公",这是因为他的父亲尉迟跋质那在隋朝时被封为"郡公"。尉迟父子之所以生卒年岁无记载,一是可能记录语言文字的差异所致,二是可能他们有意保存这一秘密,以作为在中土王朝立足画坛的根基。乙僧善于描绘他见到或想到的任何事物——人物、花鸟、肖像、佛像,尤擅道释壁画。中原各名家画法,从顾恺之的春蚕吐丝描、陆探微的高古游丝描,到周昉的云里彩袖描、阎立本的钉头鼠尾描、吴道子的兰叶描,均被乙僧的慧眼看了一个透彻,日后从容兼收并蓄之。

尉迟乙僧所画人物十分生动传神,仿佛身体跃出墙壁。其实,这种跃出墙壁的感觉,来自他的独特画法,这种技法大大区别于中原传统线描画法,是一种难度极高的彩墨晕染技法,后来被形象地称为"凹凸画法"。由这种画法塑造的人物具有强烈的立体感，例如《降魔变》中的人物，姿态千形万状，一个个有如雕刻般凝固在墙面上，似乎即将脱壁而出，十分夺人眼球。时人无不啧啧称奇，被传颂为"奇踪"。唐代著名文人段成式在《京洛寺塔记》中这样描写《降魔变》一画："四壁画像及脱皮白骨，匠意极险，又变形三魔女，身若出壁。"此处所说的"脱皮白骨"，是指画家将佛陀画成类似犍陀罗"释迦苦修像"那种皮骨分离的苦行状态，以示求道成佛的决心。这与尉迟乙僧晚年创作于阗王族供养群像时的心态一样，通过对犍陀罗佛像风格的回归而显示皈依佛教信仰的赤诚。总起来看，尉迟乙僧将印度、中亚及西域本土艺术的表现形式与中原地区传统相结合，而创化出独特的绘画技法，时人评为"小则用笔紧劲，如屈铁盘丝，大则洒落有气概"。唐代评论家窦蒙对乙僧的用线这样评论："澄思用笔，虽与中华道殊，然气正迹高，可与顾（恺之）陆（探微）为友。"意思是说他的用笔非常纯粹，虽然和中土的用笔传统不同，但气息端正、笔迹高雅，达到了与顾恺之、陆探微同样的高度。

尉迟乙僧独创的屈铁盘丝描有两个显著特征，其关键词是"力度"。这种线条既有"刀圆则润、势疾则涩，紧则劲、险则峻"的磅礴蓄势张力，又有"锥画沙"的中锋秉持沉力。这一过程实际上是一个将西域民族血质与中原审美情怀有机结合的过程，也是中土道释绘画中最具价值的部分。从宏观的历史视角来看，这是轴心时代两大东方文明相遇并在魏晋南北朝、隋唐时代达到高峰的结果。

于阗画派的创作以人物题材居多，人物形象主要由线条来主导人物造型，线形高度简约而概括，线性则具有汉竹简书体的特征，讲求速度与率性，突出"放笔直取"的意向，以及强烈的符号象征。汉简书写方式是执简站立而书，当人以站立方式面对书写的物质载体时，会获得一种独特的气场。其挥毫轨迹必然偏向"力度"要素，否则整个画面无法通过贯通而立。对比汉代简书和于阗壁画残片，简书与人像之间隐隐重合，字如人、人似字，气韵相通。

那么，以上的评价与赞美之词是否完全概括了于阗画派的风格特点呢？不然，其实还有很多要点未能敞露。实际上，中土文化在审美层面上还为于阗画派提供了一系列其他的经验模式，如构图气势、用笔线条、赋彩方法等，也因为各门类艺术相通的特性，使得诸如音乐、书法、舞蹈都为于阗画派提供了艺术创作的灵感。正如上文所指出的汉简书写为其提供了线条力度方面的启示一样，唐代的舞蹈音乐，诸如"公孙大娘舞剑""裴将军舞剑""霓裳羽衣舞""浑脱舞"以及西域和梨园弟子的音乐，都为于阗画派提供了灵感。

通过梳理可以发现，在那个风云变幻的伟大时代，有许多重要的文化因素在相互冲撞与激荡，并结出了意想不到的花朵，可惜其中大部分已失落于历史尘埃之中，需要我们去仔细地挖掘和辨别。透过历史的迷雾，我们可将于阗画派定位为是夹在犍陀罗文化与中原文化之间的一个独立的艺术现象，也可以说是印度文明与中原文明相遇后的一个亚文化衍体。

于阗画派尤其是早期画派，具有中亚塞种人的强烈民族血质，他们在逐步摒弃原始图腾、萨满崇拜，皈依佛教信仰的漫长过程中，受到中土文明持续不断的强大影响，达玛沟壁画便是这一过程的视觉见证。成熟期的于阗画派在中原进一步获得南北文化滋养，并取得了辉煌成就，但遗憾的是由于历史原因竟无原作可见！有幸的是，我们可从早期于阗壁画残片中看到于阗画派的童年版本，其中许多古已有之的特质，不仅折射出曹仲达和尉迟乙僧那超凡脱俗、雄奇豪迈画风的萌芽，而且体现了在信仰一致的前提下，中原文化在形式语言层面对西域艺术的赠予，以及隐含的西域文化对中土文明的回馈。正是这种双向流动，构成了中华文明在盛唐时期的泱泱大观。

本章启示：

在中国美术史中，鲜有少数民族画派和画家的记载，即使有好像也给人昙花一现的感觉，这是为何？

少数民族画派、画家在历史中昙花一现的问题，不能从单一角度来看，它实际上牵涉一个主体文明自我提升能力的问题，以及文明之间的挑战与应战、竞争与互融等。从另一个视角来看，所谓少数民族画派与画家的昙花一现，也可看作他们已融入中华文化主体，而不再被作为少数民族来对待；我们可把这种现象看作是中华文明上升期（秦汉隋唐）时强大包容能力的旁证。

第二十一章

地理大发现

Enlightment of Silk Road Civilization

第二十一章　地理大发现

纵观历史，往来于"一带一路"上的基本是四类人：使者、将军、僧人、商贾。其中最英勇无畏者首推僧人，其次是将军和使者。义净与高仙芝作为高僧与将军的代表性人物，他们创造性的地理穿越，充分体现了大唐盛世中华文明的张力；而地理学家贾耽的《海内华夷图》《地理志》，则将使者、将军、高僧们的生命体验转化成具有学术性的文图典籍。

第 1 节　葱岭战事奇迹

古代葱岭称不周山，是蕴含着上古时代中华民族迁徙密码的神奇之地。它在昆仑神话中被列为擎天之柱，所以共工怒触不周山后，"天柱折，地维绝。天倾西北，故日月星辰移焉，地不满东南，故水潦尘埃归焉……"，方才有女娲炼石补天。葱岭是体现一个民族生命的张力——跨越高原的行动能力的标志，它同时也是衡量一个民族"精气神"的象征。

战争与文化传播互为表里。如果说亚历山大远征是地理长度的极限伸张，那么高仙芝率安西军跨越葱岭便是垂直高度的极限冲击，它们都是充满活力的文明的特征。时间从中华先民迁徙划过 1 万年来到公元 8 世纪，李唐王朝在 7 世纪上半叶雨后春笋般冒出一批名将之后，又出现了一位天才将军，他独创了高原行军作战的范例，这就是高仙芝。他的人生经历我们暂且略去，着重讲其行军用兵之道。高仙芝任节度使后，先后率军进行了小勃律之战、揭师国之战、突骑施之战和恒逻斯之战，因这些皆为跨越帕米尔高原而展开的战事，所以统称为"葱岭之战"。

葱岭，即今天的帕米尔高原，"帕米尔"为塔吉克语的发音，意为"世界屋脊"，它由天山山脉、昆仑山脉、喀喇昆仑山脉和兴都库什山脉等交汇而成。帕米尔高原海拔4000—7700米，拥有许多著名高峰。帕米尔高原分东、中、西三部分，东帕米尔是帕米尔高原海拔最高的部分，山体浑圆，海拔平均6100米或更高；其山间谷地宽而平坦，海拔3690—4200米。全副武装的唐军不但要跨越海拔高度5000米以上的缺氧高原，而且还要经过海拔7564米的青岭（即慕士塔格峰），其艰难超出常人想象。因此国际军事史界历来有公论：汉尼拔、拿破仑率军翻越阿尔卑斯山虽为军事史上的壮举，但仍然不能比肩高仙芝率军翻越帕米尔高原的奇迹。

葱岭战事以"小勃律之战"开篇。葱岭上有两个国家，即小勃律（今克什米尔西北部，都城孽多城即吉尔吉特）、大勃律（今克什米尔中部一带，都城巴勒提斯坦），它们位居葱岭古道要冲，是唐王朝控制丝绸之路的关键。小勃律之战充满了惊险与刺激，焦点集中在连云堡。

公元749年5月的一个清晨，晴空如洗、鼓角齐鸣，高仙芝率领1万骑兵从安西都护府所在地龟兹出发。途经疏勒、拔换、护密国和识匿国，共会合了2万人的军队向葱岭进发；其中精锐部队是著名的"陌刀营"。"陌刀"是唐军发明的独有武器，长杆，两边开刀，末端呈三角形，可砍可刺，力大士卒持此刀冲锋向前势不可挡。高仙芝仔细计算了行军日程和路线，5月初从安西（即龟兹）动身后15天到达拔换城，再10余天到达握瑟德，再10余天到达疏勒。在此地休整后出发，20多天后到达葱岭守捉府，再经过20多天后到达乌浒河上游的播密川，再经20多天到达特勒满川，已经接近吐蕃边界上的要塞连云堡，高仙芝在这里做了第二次休整。这些与地点对应的时日看似无关紧要，实际上却是经过缜密计算的行军路线，从疏勒到特勒满川约400公里，仅占总行程四分之一，所花时间却占了三分之二，这正是高原行军艰难程度与内在规律的体现。

让我们展开想象，还原1264年前发生在巴罗吉勒山口的惊心动魄的攻坚血战。那天清晨，大唐将军高仙芝指挥万余名安西军在天亮之前悄悄渡过了波浪汹涌的娑勒河，到达了连云堡所在的山崖下。山崖上的城堡仍然笼罩着晨雾，吐蕃守军依旧沉浸在睡梦中。高仙芝一声令下，安西军精锐在陌刀将李嗣业、田珍等人率领下开始攀爬山崖。攀岩的陌刀营士兵全都脱去了重甲，赤裸着上身，仅在手臂上绑着一面小圆盾；许多人的臂膀上还挎着大卷麻绳，这是要在登城后钉在城头以供大军攀崖用的绳索。几乎每一名登崖的陌刀营士兵嘴中都咬着一柄短小锋利的匕首，这与"衔枚疾进"同理，是为了保证每一个人在攀登的过程中保持绝对静默，即使失足跌下崖壁也不会发出声音；另外，匕首也能够使士兵们在登城后与敌军搏斗时多出一把武器。

士兵们斜背着沉重的陌刀，一声不响地向上爬着，细小的碎石不断滚落山下，沙沙声不绝于耳。山下众人全都仰望着正在昏暗山崖上蠕动着的己方先锋，他们的身形看上去已经很小。剧烈的风不断从山间掠过，众人的心都提到了嗓子眼，但是附着在巨大山岩上的这些渺小身影却十分顽强，他们没有被山风影响而一直持续向上攀爬。半个多时辰后，吐蕃人才发现正在攀崖的安西军士兵，从崖顶传来吐蕃人声嘶力竭的惊恐喊叫，随后又响起了吐蕃哨兵凄厉的号角，原本十分安静的崖顶陷入一片混乱。

箭矢开始从山崖上射下，最初很稀疏，然后逐渐变得密集，吐蕃人开始对正在试图攀上城堡墙头的陌刀营进行凶猛攻击。无数箭矢洒落在山脚下，安西军士兵们都举起了盾牌。高仙芝命令一部分士兵退到流矢射距之外，但在离山脚较近处仍保留了相当多的兵力，因为一旦绳索放下，必须有人迅速登上城头支援陌刀营。不断有安西军士兵中箭落下山崖，最初是间隔片刻落下几个人，随后便是不断落下。有一瞬间，身上插满羽箭的安西军士兵浑身是血，像雨点般摔落在山脚。看着跌落在面前不远处的陌刀营士兵摔得残缺不全的尸体，高仙芝的心就像被针扎了一样痛苦。他回头望向身边众将，发现他们眼中布满血丝，有的人将自己的下唇咬破了，满嘴流血。

高仙芝十分清楚，如果以这种速率跌下更多人，将功亏一篑，但他的担心却很快被事实证明是多余的。跌下山的士兵很快变少了，同时从山崖上传来了喊杀声，陌刀营终于登上了连云堡城头。从山顶传来激烈的兵器撞击声，开始有被砍伤或死去的吐蕃人从崖顶落下。崖上的双方士兵都用尽了全部力量，吼叫着砍劈对方。当晨曦洒满大地时，从崖顶抛下一条绳索，紧接着又放下一条，又一条……李嗣业的陌刀营显然已经在城头占据了一块阵地并用最快速度从山顶放下了数十条绳索。高仙芝长长地松了一口气，他用力挥动手中的马鞭示意，数千名安西军士兵列队快速进抵山脚。在渐渐淡去的雾气中，士兵们沿着绳索向山顶的城堡奋力爬去。箭矢仍然在山间四处飞射，不断有人中箭跌下山崖。从山顶上传来的两军激战声也变得越来越激烈。随着士兵不断爬上崖顶，战局开始向有利于安西军的方向转变。当数以千计的安西军士兵登上崖顶后，连云堡上的安西军便用号角声向山下示意不必再增派兵力了。

已时，连云堡上开始腾起黑色的浓烟，不多久便火光冲天。那是已攻上城堡的安西军士兵正在对吐蕃人最后据守的城堡东南角进行火攻。双方又激战了许久，从山顶传来的兵器撞击声才渐渐稀疏下来，只有负隅顽抗的吐蕃人被斩首时发出的垂死嚎叫回荡在山间，那是一种只有最绝望的人才会发出的凄惨声音，使人头皮发麻。

攻克了要塞连云堡之后，能够阻挡唐军步伐的也许只有海拔逾5000

米的坦驹岭了，而高仙芝唯一要做的是鼓舞士兵勇敢跟随他翻越雪山继续前进。率领全副装备大军翻越雪山孤注一掷冒险进攻这种事，历史上就三个人做过，除高仙芝外，另两人分别是汉尼拔和拿破仑，但后两者翻越的都是海拔3000多米阿尔卑斯山坳，高度比唐军低了近一半。常言道，"上山容易下山难"，从坦驹岭山顶到山下，至少有20公里冰雪覆盖的陡峭山路，下去后就进入小勃律境内，如果失败则死无葬身之地。高仙芝果断派精兵以闪电般速度先斩了五六个忠于吐蕃的首领，然后通过亲自招抚国王而一举平定了小勃律。等吐蕃大军闻讯在傍晚赶到时，只能隔岸兴叹，娑夷河上的藤桥已被唐军斩断，即使用最快的速度修好桥然后杀过来，至少也得一年。

此时葱岭南北的局势是：吐蕃为了与唐帝国争夺霸权，与东突厥汗国、突骑施国联盟后同唐军多次较量，争夺重点在安西四镇及北庭一带，后来争夺的焦点逐渐转移到葱岭以南地区。公元749年（天宝八年）初冬时节，高仙芝应吐火罗叶护失里伽罗上表唐廷的报告，再次远征葱岭。由于有了第一次远征经验，高仙芝这次准备更加充分，其行军十分顺利，并创造了葱岭冬季行军的先例。天宝九年（750）晚冬，高仙芝按计划击败揭师国军队，俘虏了揭师王勃特没。唐军班师返回途中路过中亚的石国，它的都城是拓折城，即今乌兹别克斯坦的首都塔什干，趁其不备，出兵突袭，俘虏了石国国王及其部众。回师途中又攻灭了突骑施，俘虏了国王移拨可汗。经过高仙芝这两次远征，唐朝在对吐蕃战争中取得了全面胜利，高仙芝亦为自己赢得了极大声誉，甚至长期盘踞青藏高原的吐蕃人也称誉其为"山地之王"。

高仙芝征伐吐蕃与中亚诸国的成功，迫使他们放弃对吐蕃的幻想而和更为强大的大食国联合，这个联盟把安西四镇作为进攻目标。高仙芝决定先发制人，公元751年4月，他亲率3万大军再次翻越葱岭，深入大食国境内700余里，在恒逻斯城即今哈萨克斯坦东南部的江布尔城，与大食军展开决战。双方激战5日未分胜负，但在相持的关键时刻，唐军中的葛罗禄部突然叛变，与大食军形成夹击，致唐军大败。即使如此，高仙芝仍然成功地将余部数千人带回大本营龟兹，这也堪称人类军事史上的一项纪录。这是中国军队最后一次异域远征，同时也是中国地理大发现的挽歌。

高仙芝率军从容往返葱岭南北两麓，不可能没有地图，但史料却并无相关记载，原因何在？也许是已无开疆拓土的内在要求，因为完整的地图是开拓疆土的必备之物。这与大食国——伊斯兰文明形成巨大反差。这并非是说中国从来没有过开疆拓土的精神，而是到了盛唐，从先秦两汉起始的拓展精神逐步耗尽，内在已空，只需一截即破，而这致命的一截，就是公元755年的"安史之乱"。

第2节　义净南海求法

义净的南海求法之行，是继法显的"浮海东还"奇迹之后的又一壮举，他与阿拉伯航海家阿布·奥贝德的传奇，是古代海上丝绸之路最为激动人心的故事。

义净出生于公元635年，正值唐代贞观之治盛世。他天性颖慧、幼年出家，15岁时已博览群书，遍访中土高僧大德。而最予他励志的是法显、玄奘的西行求法壮举，他决心效仿之。在一首《求法诗》中，义净表达了对前辈敬仰和亲身践行的志向："晋宋齐梁唐代间，高僧求法离长安。去人成百归无十，后者焉知前者难！路远碧天唯冷结，沙河遮日力疲殚。后贤若不谙斯旨，往往将经容易看。"该诗语言朴实无华，真切心情溢于言表，与义净的人生轨迹无缝契合。

公元671年春天（即咸亨二年），刚刚26岁的义净终于等来了机会：他在扬州夏坐时遇到将赴广西龚州上任的州官冯孝诠，这位虔诚信仰佛教的官员答应资助义净达成夙愿。这年深秋，义净携弟子善行从广州泛海南行。盛唐时的广州，因唐蕃战争而致陆上丝路阻滞，海路昌盛，港口泊靠着来自波斯、印度、罗马、君士坦丁堡、婆罗洲的大船。义净一行搭乘波斯商船，20天后到达室利佛逝（即印尼苏门答腊巴邻旁），所谓"巴邻旁"（Palembang）就是现今著名的巨港市，它勾连出中国和印尼源远流长的交往历史。《后汉书》中记载：汉孝顺皇帝永建六年（131），叶调国曾不远万里遣使贡献。这里所说的"叶调国"就是爪哇。法国学者伯希和（Paul Pelliot）通过研究发现，"叶调"对音于古爪哇语的"Yawadwipa"。

义净在巴邻旁停留6个月后到达印度，自此便开始了艰苦的旅行研

克孜尔石窟　第189窟　主室右侧壁　鹿野苑初转法轮　公元7世纪

习，步前辈法显、玄奘的足迹而巡礼灵鹫峰、鸡足山、鹿野苑以及竹林精舍、祇园精舍等佛教圣迹，然后前往那烂陀大学苦学十一载，亲聆那烂陀寺宝师子等当时著名高僧大德说法，研究瑜伽、中观、因明与俱舍等各种学说。他还与道琳法师屡入坛场，最后求得梵本三藏近400部，合50余万颂。之后，义净设法渡海返抵苏门答腊，进行了长达7年的游学。

公元695年（证圣元年），义净携梵本经论400部、舍利300粒离开室利佛逝取海路回国。当时武则天已称帝，她对义净求法取经归来十分重视，不仅派出使者前往迎接，而且亲自率众到洛阳上东门外迎接，并赐予他"三藏"之号，诏命义净入住洛阳佛授寺。此后，义净先后在洛阳延福坊大福先寺、西京长安延康坊西明寺、东京福先寺、长安荐福寺等寺院翻译佛经，成就卓著。他与鸠摩罗什、真谛、玄奘被后世公认为四大译经家。公元713年正月，义净法师在长安荐福寺经院圆寂，享年79岁，葬于洛阳的北邙并建有纪念灵塔。

义净逝世后36年，历史时钟行至公元750年——8世纪中叶分水岭。这是非常重要的一年：高仙芝正纵横驰骋于葱岭南北，一位来自阿曼的青年则驾船远航到达中国，他就是阿拉伯航海家阿布·奥贝德。当他乘一艘名为"哈苏尔"的帆船于公元750年抵达广州时，距离义净当年从此地出发已过去79年，正好是义净的寿辰。航海家阿布·奥贝德前来中国，比马可·波罗早500年，比达摩晚500年；这3个历时千年的节点，恰恰是印度、中国、阿拉伯三大东方文明的历史性相遇的表征。阿布·奥贝德的故事被演绎成《一千零一夜》中的辛巴达历险传说，它是亚历山大的续篇，郑和、麦哲伦、哥伦布越洋远航的预演和彩排。重要的是，阿布·奥贝德的远航并非个人行为，而是伊斯兰世界"地理大发现"的肇始，它的深层动力来自信仰。《古兰经》倡导穆斯林要到世界各地去旅行，通过游历增进对世界的认识，探索造物主的真谛；同时还要求每位穆斯林一生中至少要赴麦加朝觐一次，因此在伊斯兰世界，旅行和探险蔚然成风。

阿布·奥贝德驾船来华，是伊斯兰文明在"地理大发现"领域蓄力的端倪，它为830年巴格达智慧宫复制出托勒密的世界地图准备了能量，并最终在伊本·白图泰（1304—1377）的亚非欧超级旅行中结出繁花盛果。从阿布·奥贝德驾船至广州到伊本·白图泰周游世界，600年间，阿拉伯文明世界涌现出一大批学者式地理探险者、旅行家：伊本·克达比（847—912）被称为"阿拉伯地理学先驱"，伊本·马苏第（891—957）被称为"阿拉伯的希罗多德"，穆卡达西（950—1000）被现代学界誉为"所有地理学科的开创者"，比鲁尼（973—1048）被冠之以"百科全书式的学者"，雅古特·本·阿卜杜拉·哈迈维（1179—1229）因以《地名辞典》而被国际学术界誉为"古代最著名的辞书编纂家"，伊本·白图泰（1304—1377）被称为有史以来"行程最长的旅行家"……不一而足。

我们之所以将义净列入"地理大发现"的篇章，不仅是因为他对尼泊尔的陆路情况多有记载，更重要的是书中记录的海路情况。玄奘《大唐西域记》记载了陆路所见所闻，法显《佛国记》详于陆路而略于海路，因此义净记述的有关南海各地情况就成为这些地域最早的历史地理材料，为当今学界研究这些国家的历史、地理和外交提供了原始依据。

义净在地理方面的贡献集中体现在《大唐西域求法高僧传》之中。该著作沿袭南北朝模式，以"僧传"的形式记述了唐初从太宗贞观十五年（641）以后到武后天授二年（691）半个世纪，共57位僧人到南海和印度游历求法的事迹。书后附《重归南海传》。《大唐西域求法高僧传》与传统僧传模式的区别在于：按57位僧人出行时间的先后总为一传，分别叙述他们的籍贯、生平、出行路线、求法状况。多数叙述简略，有的仅30余字，比如木叉提婆篇、慧琰大师篇。只有少数的几位僧人着墨较多，比如玄照法师、道琳法师等。着墨多少与义净掌握的资料多寡有关。但无论详略，其叙述都是按照籍贯、生平、出行路线、求法状况的顺序下来，该书似乎是一部"行状"的集合。始自六朝的"行状"，是指叙述死者世系、生平、生卒年月、籍贯、事迹的文章，常由死者门生故史或亲友撰述，留作撰写墓志或为史官提供立传之用。刘勰《文心雕龙·书记》说："体貌本原，取其事实，先贤表溢，并有行状，状之大者也。"唐代李翱是写行状高手，他曾为韩愈写过行状，但却在《百官行状奏》中表示出对行状体的看法："由是事失其本，文害于理，而行状不足以取信。"确然，传记体的"行状"距离编年史体与正式的地图学有很大差距，这种世风亦对贾耽地理认知与制作地图的学术性产生影响，使得中国的学术相比古希腊、罗马、波斯和伊斯兰文明，缺乏合理结构与严谨逻辑。

　　中国文明与伊斯兰文明两相比较，可看出它们在地理发现方面的差异。阿拉伯人注重对地中海各古代文明的传承研究，他们在古希腊地理与天文学成就的基础上进一步确定了地球是圆的，通过熟悉各个不同的航行海域，积累海洋地理学知识，知晓了潮汐、台风的成因并掌握了季风的规律。在实践方面，伊斯兰教传道师与阿拉伯商人东到中国，西达大西洋东岸，北到波罗的海，南抵非洲，在长期的旅行中积累了丰富的地理知识，不仅弘扬了以亚里士多德和托勒密为代表的希腊地理学，而且在经由西班牙和西西里岛传回西方之后，将不断进步的地图说、地球经纬度、准确的制图术，甚至将世界前沿的天文学、数学、造纸术、磁针罗盘等传入西方，为后来新大陆的发现和新地理学说的发展开辟了广阔道路。以上这些差异并无碍中国在制造发明方面的才华，比如阿拉伯商人苏莱曼《中国印度见闻录》中就有诸多赞叹中国商船技术的记载：中国船的多舱室设计、可调风帆，以及航海定位技术等。可惜的是，由于科学总结不够而未纳入学术体系。所以国际学界有这样的评价："中国虽有历史记载，但未建立真正的史学。"

义净的出国线路是溯法显回国线路而行，他是怎样选择线路的？有准确海图吗？唐代和南洋交通十分频繁，贾耽曾记述过"佛逝国"和"诃陵国"，即苏门答腊和爪哇，那么，义净的海上线路在贾耽地图学中有所体现吗？

第3节　贾耽与地图学

如果说中国有一个地理大发现时代的话，应该是汉唐时期前后1000年（公元前2世纪至公元9世纪）。唐代大地理学家贾耽是一位划时代的人物，同时也是一位终结性的人物，在他之后，中国再无地理探险方面的激情，15世纪的"郑和下西洋"纯属特例。

"地理大发现"是人类文明的一个普遍性概念，它在各个伟大文明中都有不同程度的体现。贾耽所代表的唐帝国地图学的价值，应该与同时期的阿拉伯帝国的地图学进行一番比较研究方才能作出判断。自穆罕默德创立伊斯兰教开始，阿拉伯帝国迅速崛起并成为连接东方与西方两大文明的桥梁；而到了公元8世纪之后的阿拔斯王朝时期，哈里发们发动了大规模对外战争，因此地理发现成为军事行动的先决条件。对地图学的热衷，起源于哈里发阿尔·马蒙于公元830年创办的"巴格达智慧宫"，这所集科学院＋图书馆＋天文台＋翻译道场之大成的超级研究机构，汇聚了当时最优秀的人才，以"百年翻译运动"而垂名史册。

阿拉伯人在饱吸希腊文化的基础上，借助当时盛行的学术旅行之风以及从中国传入的造纸术和罗盘指南针，开辟了阿拉伯—伊斯兰地理学新时代。阿拉伯人公元7世纪开始走出阿拉伯半岛，公元8世纪足迹已踏遍地中海西部、南部、东部海岸，红海和波斯湾海岸，以及阿拉伯海的北部沿海地区；然后他们穿越中亚、高加索和伊朗高原，打通了欧洲和印度的诸多重要陆路交通线，特别是丝绸之路的西段。在海洋方面，阿拉伯商船更是无所不能，在除北部海洋外的几乎世界全部海洋上航行过，其足迹踏遍了热带的亚洲、亚热带地区和东欧、中亚的温带地区，还深入到撒哈拉沙漠以南的非洲地区，并越过了赤道。也就是说，伊斯兰世界承传了古希腊的地理学，将希罗多德的三大洲游学与亚历山大远征的精神，弘扬到一个前所未有的高度。

如前文所述，伊斯兰世界在地理学方面的转折点是公元9世纪。热衷学术的哈里发麦蒙任命穆罕默德·伊本·穆萨·花拉子密（780—850）为巴格达智慧宫首任天文馆长，这位天才学者以一部划时代著作《地形》为阿拉伯地理学一举奠定了坚实基础，里面有一幅他召集70位学者共同复制的古希腊托勒密时代的世界地图，极具象征意义。

一代杰出学者伊本·克达比（847—912）的巨著《交通与行省》，详尽地绘制了阿拉伯世界所有贸易线路的地图并附有生动的文字说明，同时也介绍了远至东亚的朝鲜、中国和日本，南亚的雅鲁藏布江、马亚与爪哇等地区和国家的贸易路线，为当时的商人提供了十分便利的路线，极大地促进了阿拉伯经济和对外贸易的繁荣发展。

堪比"历史学之父"希罗多德的伟大旅行家伊本·马苏第（896—956）著述的《黄金草原与珠玑宝藏》，是一部集地理、历史与天体于一体的中世纪百科全书，它对后世产生了巨大影响。

地理学家穆卡达西（950—1000）的主要代表作是《国家》，该书详细介绍了各地区城镇与国家的名称、城镇之间的距离、地形地貌、水

丝路山水图（局部）

资源以及统治者和税赋的情况。这部地理学巨著涉及了地理学中所有最
主要的科目，对后世影响极其深远。穆卡达西于公元891年制作的《国
家》与贾耽于801年出品的《海内华夷图》，两者相差整整90年，这种
近一个世纪的时差却是两个文明位差的表征，一个是从高峰顶端开始跌
落的文明，另一个则是正处于上升期的文明。不久前有称"丝路山水
图"出现于传媒视野中，但此图实际上应叫《天方朝觐山水地图》，是
指导中土穆斯林如何去麦加朝圣的图形指南，属于伊斯兰文明"百年
翻译运动"中"地理大发现"部分在华夏文明域的余波，而非所认为的
"华夏文明丝绸之路地理学"的产物。

　　集地理学家、数学家、天文学家于一身的比鲁尼（973—1048），
他的贡献主要是发明了利用三角测量法来测量大地与地面物体之间距离
的技术，并精确地测量了经纬度的具体方法。比鲁尼写出了结合数学和

天文学知识的《城市方位坐标的确定》，确定了穆斯林礼拜的朝向和城市方位的坐标，同时他还撰写了15部关于大地测量学的著作，奠定了当时"定量加描述性"地理学的基础。

被欧洲许多大学作为地理教科书的《世界地理志》，其作者是12世纪阿拉伯地理学家伊德里西（1100—1166）。这本书在欧洲文艺复兴时被翻译成拉丁文，被认为是权威的地理学著作，被广泛应用于教学和地理考察，影响深远。伊德里西还是一位伟大的制图家，他曾绘制过一幅精美的盘子形世界地图，纠正了许多河流的流程和几条主要山脉的地理位置，正确绘制出了以前地图所未画出的里海的位置，同时也对中国的万里长城作出了正确的绘制，对当时的地图学来说是一个极大的发展。

地理学家雅古特（1179—1229）的不朽著作是《地名辞典》。他从小就接受了良好的教育，对地理学尤为感兴趣，青年时代开始经营商业，不过后来便走南闯北，抄写名著，终于在他晚年时编写了多卷本的不朽著作《地名辞典》。这本书按照阿文字母的顺序编写，书中收集了从新几内亚到大西洋的山川、各城市的历史、地理资料，内容包罗万象，是一本不可多得的著作。

伊本·白图泰是一个最能体现《古兰经》训导的终结性人物，他以皇皇巨著《伊本·白图泰游记》而彪炳史册。

义净、高仙芝无疑是中国伟大的探险旅行家，且与贾耽同时代，但后者所制地图却忽略了他们的业绩，这绝非一般疏漏，而是两个文明高低走向的标识。8世纪上半叶，中国人对于异域探险的热情已全面消退，阿拉伯人的异域探险则刚刚开始。贾耽作为这一文明冲撞转折期的亲历者，其地理地图学一开始就打上了悲凉烙印。贾耽年轻时正值"安史之乱"，亲眼看见唐王朝由顶峰跌向谷底，他只能关注收复失地之事，所谓"率土山川，不忘寝寐"也。由于河西、陇右一带被吐蕃侵占，"剑南西山三州七关军镇监牧三百所丧失，河西陇右州郡悉陷吐蕃。国家守于内地，旧时镇戍，不可复知"。一种深刻的焦虑感驱使贾耽决心绘制陇右沦陷区的地图，他研究并绘制地图的目的很明确，要像西汉萧何那样搜集秦国地图帮助刘邦夺天下，像东汉伏波将军马援那样用米堆积立体地理模型为收复失地的军事行动提供依据。一方面，贾耽采掇舆议，进行广泛的调查采访；另一方面，他用怀旧方法制图，通过

海内华夷图

查阅中央和地方保存的旧有图籍，认真研究裴秀的"制图六体"，即所谓"寻研史牒"。贞元十四年（798），贾耽果真用裴秀的制图六原则绘制出"关中陇右及山南九州图"一轴，主要表现陇右兼及关中等毗邻边州一些地方的山川关隘、道路桥梁、军镇设置等内容。

从公元784年至801年，贾耽经过17年的充分准备，终于绘制出名闻遐迩的《海内华夷图》，撰写了《古今郡国县道四夷述》献给朝廷。他在表文中简要记述了绘图的目的、经过、内容及用途："臣闻地以博厚载物，万国棋布；海以委输环外，百蛮绣错。中夏则五服、九州，殊俗则七戎、六狄，普天之下，莫非王臣。昔毋丘出师，东铭不耐；甘英奉使，西抵条支（伊朗）；奄蔡（今咸海、里海北）乃大泽无涯，罽宾则悬度作险。或道里回远，或名号改移，古来通儒，罕遍详究。臣弱冠之岁，好闻方言，筮仕之辰，注意地理，究观研考，垂三十年。……去兴元元年，伏奉进止，令臣修撰国图。旋即充使魏州、汴州，出镇东洛、东郡，间以众务，不遂专门，绩用尚亏，忧愧弥切。近乃力竭衰病，思殚所闻见，丛于丹青。谨令工人画《海内华夷图》一轴，广三丈，纵三丈三尺，率以一寸折成百里。别章甫在衽，莫高山大川；缩四极于纤缟，分百郡于作绘。宇宙虽广，舒之不盈庭；舟车所通，览之咸在目。"

可以看出，贾耽当年的工作量十分惊人，但为何未在世界地理地图学上留下印记呢？根本原因在于他是孤立行事，没有任何来自异域文明的参照系。实际上，整个中华帝国始终处于单一文明体的境地，而不像埃及、巴比伦、希伯来、希腊、波斯、罗马以及伊斯兰文明，处于一个连续的文明嬗变过程中，后者可以通过整合其他文明的精华而持续构筑高峰。所以，不管一生喜爱地理的贾耽如何勤恳敬勉，他的眼界受到地

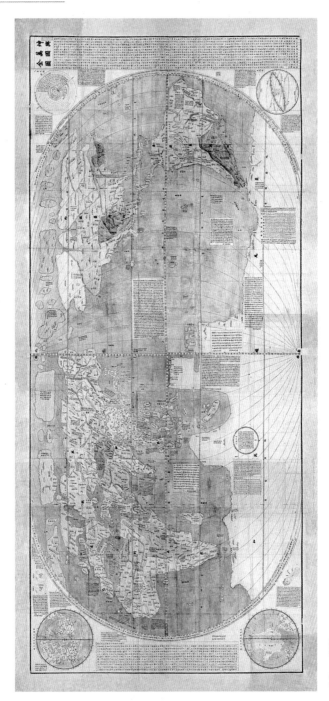

明代万国图

域、时代的局限，即使同属唐朝的玄奘、义净、高仙芝那些空前绝后的异域探险旅行经历，亦无缘进入他的制图体系，就更不用说魏晋时代法显的传奇经历了。

本章启示：

战争与僧人、商人、使者等对文化交融的影响有何异同？有无实例证明？

将军是古代战争的执行者，他们的命运直接系于战争结果，"胜者王侯败者贼"。使者不太受到战争的影响，向来有"两国交战不斩来使"之说，他们通常是战争的肇始者或收束者：宣告交战、接受请降或战败乞降。商人受战争影响最大，因为货物只有在和平环境下才能保证安全，才能获得利润，一旦开战只能弃货而逃，保全性命最重要。僧人的行走靠沿途化缘而无后勤保障，故受战争影响也不小。对文化交融产生影响的更为关键因素是时代的精神氛围，魏晋南北朝时期战乱频仍，但因各国君主大多尊崇佛教，所以对天竺高僧大德、西行求法僧人的长途往来并无大碍，如佛图澄、道安、鸠摩罗什前来中土，朱士行、智严、法显西行求法。

第二十二章

永恒的神山圣湖

Enlightment of Silk Road Civilization

第二十二章　永恒的神山圣湖

内容提要：在人类迁徙史中，喜马拉雅文化圈是一个神秘的交汇点，古象雄王国为见证。象雄文明以冈底斯山脉的冈仁波齐峰为中心，而玛旁雍措湖则是托举神山的一方圣水。最新考古证据表明，神山圣湖所在地区曾经是中华先民迁徙路线之一，其踪迹可在《山海经》、"昆仑神话"中觅得；所以，它不仅是中华"山水精神"的源头，也是新时代全面复兴中华优秀传统文化的坚实基点。

第1节　从象雄文明到轩辕古国

东方大地是上帝赐予人类的礼物，人类在平面上行走是无限的，而纵向上的攀登，5000米就是极限。从生命科学讲，海拔4000米以上基本为人类生存的禁区，而地球上处于这个高度以上的高原有帕米尔高原、青藏高原。青藏高原是一个独特的地理单元，人类在这个地带的存在并不是为了感悟生存，而是感领神圣，让人类去体验自己作为灵长类动物在"灵性"方面的功能，而这些恰恰就是古人所讲的"仁者乐山，智者乐水"。用大山大水来象征人类精神的比喻，没有它们，这些比喻也就不复存在。青藏高原是世界上海拔最高的高原，被称为"世界屋脊""第三极"，它西起帕米尔高原，东至横断山脉，北起昆仑山脉、阿尔金山脉和祁连山脉一带，南接喜马拉雅山脉，总面积约250万平方公里，是我国面积最大的高原。从一个更深刻的层面来看，青藏高原也是一个东方地形学的标志，是人类迁徙历程上的扭结点，它的出现为当今亚洲各民族的形成奠定了基础。

在青藏高原上伫立着无数巍峨的山峰，从慕士塔格峰到公格尔峰，从格拉丹东峰到冈仁波齐峰；从古至今，它们都是古代东方圣人的栖居之所，这里的栖居是指"灵魂的栖居"。古代东方的高僧大德、贤者圣人们都在这些绝顶高峰上修炼其身心，从纯净的巅峰上对广大芸芸众生发出告诫和警世名言。这些山脉象征着人类精神地理学的制高点，正是在它的启示下，人类社会产生了轴心时代，从而奠定了当今世界文明的格局。

象雄文化产生于青藏高原并非是一个偶然的历史现象，它是藏羌先民在迁徙过程中各奔东西的结果，标志着中华民族迁徙进程被意想不到的自然地理切割之后，在一个隐秘的历史节点上分段描述的历史篇章。远古的象雄时期虽没有具体的断代史，但考古证据证明，它早就成为丝绸之路南线——即"茶马古道"向青藏高原延伸的一个重要分支。不久前在西藏阿里首次出土的距今1800年的茶叶，尤其是在"象雄都城穹隆银城"出土的约2000年前的丝绸，图案为汉代的云水纹样，带有汉隶的"王侯"字样。这表明至少在1800年前茶叶与丝绸已经被运送到西藏阿里地区，丝绸之路的一个分支在当时曾穿越青藏高原。还有隋唐时期的"招慰羊同及吐蕃使印"，隋唐时期的招慰使级别很高，一般是由皇帝亲自指定并派出，代表着一个政权对另一个政权或组织的一种安置行为。此枚印章表明，象雄早在隋唐时期就与中原建立了深厚的关系。

更为稀罕珍贵的文物是在西藏阿里地区墓葬中出土的微型黄金面具，无论造型图案还是锻造技术，它与札达和北印度地区发现的黄金面具同属一个文化系统。这至少说明西藏西部早在吐蕃之前就成为一个连接中亚、东亚、南亚的重要纽带，而记载雍仲本教创始人敦巴辛饶传记的《古象雄本教大藏经》，上面镶嵌有大鹏鸟和金刚杵，这些形象符号一方面与冈底斯山脉的冈仁波齐峰相关，另一方面与西亚、波斯的雄鹰崇拜、罗马帝国的双头鹰标志有密切联系，里面蕴藏着古老的秘密。

据记载，在远古时代，中华先民依据高原的生存条件和文化融合性，而创造出以冈底斯山周边地区为地理中心，以本教为信仰基础和文化内容的古代象雄文化。古象雄文化既是青藏高原古代文明的根源，也是中华多民族多元文化的远古起源之一。冈底斯山—冈仁波齐—象雄文明圈，作为古丝绸之路的十字枢纽曾发挥过重要的作用。该地被国际地理学界称为"东方金字塔群"，可以推想，埃及人的金字塔一定是从这儿获得灵感的，但如何获得却是个谜。金字塔在地中海世界找不到自然模板，但在青藏高原的腹地却比比皆是，单就冈底斯山脉来说，金字塔形的雪峰就有好几座。在那里除了能看到天国色彩，还能体验到垂直向度对灵魂的提携；这些都属于中华民族迁徙的血脉基因记忆，但随着岁月流逝而弱化了。当时语言正在成型，没有准确的地理学描述，只有从神话和成语中觅得痕迹。

有一个旁证。《山海经》中提到一座伟大的山——不周山，顾名思义是一座不周全的险峻之山。可以推论，正因为见过周全如金字塔的山，方才对比出何为"不周之山"，这是一个经验的结果而非发明。不周山最早见于《山海经·大荒西经》："西北海之外，大荒之隅，有山而不合，名曰不周负子。"屈原在《离骚》中就有"路不周以左转兮，指西海以为期"。同时成书的《淮南子·天文训》则对不周山之"不周"作了更为神奇的描述："昔共工与颛顼争为帝，怒而触不周之山，天柱折，地维绝。天倾西北，故日月星辰移焉；地不满东南，故水潦尘埃归焉。"据王逸注《离骚》、高周注《淮南子·道原训》，这个神奇的不周山在昆仑山西北——即帕米尔高原。这一地区只有三座海拔7000米以上的雪峰：慕士塔格峰（海拔7546米）、公格尔峰（海拔7917米）、公格尔九别峰（海拔7530米）。从外形看，慕峰圆浑，后两峰陡峻，所以不周山应是公格尔峰、公格尔九别峰。

　　那么象雄文化是怎样的历史定位呢？它与轩辕古国究竟是什么关系呢？历史课本上讲述西藏历史是从吐蕃王朝起始，前面似乎是洪荒时期，这是一个错觉。实际上吐蕃王朝承接了一个伟大时代的结束，这个时代就是象雄文化时代。它创造了一个语言、文字、形象高度发达的古象雄国，最辉煌时西抵克什米尔，南至拉达克，北至青海高原，东至四川盆地，是青藏高原最古老的文明中心。"象雄"在汉文史籍中被称为"羊同部落"，《册府元龟》记载："大小羊同，东接吐蕃，北至于阗，东西千余里，精兵八九万……"《东方释迦志》记载："东西地长即东女国，非印度摄，又即大小羊同国，东接吐蕃，西接三波河，北接于阗。"本教已有8000年的历史，与它同时成长的古象雄国的历史可想而知。最近的考古发掘证明了上述推测：在班公措湖的日土县境内以及玛旁雍措湖一带，有大批的史前洞窟居住点与岩画。出土的器具推断为旧石器晚期。这里需要说明一下，所谓旧石器时代是国际考古界公认的一个时间区段概念，是指数百万年前到1万年前，也就是说象雄文化的年代至少在1万年前左右，这与本教8000年的历史基本吻合。阿里地区古代岩画的内容有狩猎、放牧、采集、歌舞、战争、庆典、祭祀、礼仪、图腾与生殖崇拜，说明这里是古代文化的中心区。

　　《山海经·海外西经》记载："轩辕国在此穷山之际，其不寿者800岁，在女子国北，人面蛇身，尾交首上。穷山在其北，不敢西射，畏轩辕之丘，在轩辕国北，其丘方，四蛇相绕。"翻译过来就是：轩辕国在穷山的附近，这里不长寿的人也活800岁。穷山在轩辕国的北面，那里的人拉弓射箭不敢向着西方射，是因为敬畏轩辕丘，轩辕丘位于轩辕国北边，这个轩辕丘呈方形，被四条大蛇相互围绕着。这一描述首先使人想到伏羲和女娲，他们的特征就是人首蛇身，同时也是轩辕国人。

黄帝号称轩辕氏，居住在轩辕之丘……从这里开始可以引发无限的联想，最终汇聚在一个关键焦点：象雄文化与轩辕古国的神秘关系。

《史记·六国年表》说："禹兴于西羌。"5个字似乎在暗示：夏、周两个王朝是由来自青藏高原及其边缘地带的古羌人进入中原建立的。这个大胆的说法虽然存在争议，但却与现代分子人类学、生物学研究所描绘的中华民族迁徙图谱相一致。汉藏民族同根同源，亦为现代分子人类学、生物学的研究结果所证实。该研究通过对汉藏两族男性Y染色体突变节点的提取中获得证实。人类的祖先走出非洲之后，部分人迁徙至东南亚，其中一支最富有组织性且吃苦耐劳的族群毅然决定北上。他们沿着青藏高原和云贵高原的缝隙——横断山脉纵谷区顽强北行至青海、甘肃的交界地带，这支人正是汉藏民族的祖先。汉民族和藏民族大约在1万年前在此分化，一部分返回高原，一部分向中原大地——四川盆地和成都平原进发，然后他们沿着岷江流域行进到河套地区，在黄土高原和鄂尔多斯草原一带开始了早期的农耕文明生活的尝试，萨拉乌苏河边古河套人生活遗址向我们叙述了这个史前故事。

如今为我们熟知的许多藏族文化习俗都是继承了古象雄文化基因，比如转神山、拜神湖、插风马旗、挂五彩经幡、刻石头经文、置玛尼堆，以及打卦算命等。在多种传说中，象雄文明即中华的轩辕古国，"汉藏本一家，轩辕共一国"。"象雄"一词，意为"大鹏之地"，与汉文化中的龙凤有着隐秘的关联。从语言语音的层面来看，"藏"是"羌"的音转，"象雄"则是"轩辕"的音转；这种开阔奔放的思维之中，尚有大段的历史空白等待我们去填充。

第2节 中华山水精神

对中华山水精神的探讨，必须追根寻源，首先应该是地球物理学的视角。

自从地球的太古大陆分裂以来，逐步在陆地表面上形成了两大山系：一条是纵贯美洲的科迪勒拉山系，另一条则是横亘欧亚大陆的阿尔卑斯—喜马拉雅山系。其中在第二条山系的分布区域上诞生了人类的早期文明，该山系的中央正是地球的山结之地——帕米尔高原。青藏高原同样是亚洲各大主要河流的发源地，无论是长江、黄河等皆发源于此。黄河其巨大的地理落差赋予了这些河流蓬勃奔涌的生命力，也导致了大量的水土流失，因为山高必陡，而且这些山是年轻的地质地貌，植被较少，每当雨季和洪水泛滥的季节，泥沙俱下，形成了黏稠厚重的水体，再加上落差，形成了民族血脉在大地肌体中流淌的壮观景象。黄河的长度虽不是世界第一大河，但其高落差的激烈奔涌形态却是世界之最。

青藏高原上具有分水岭意义的山脉是冈底斯山脉，它的主峰是冈仁波齐峰，有史以来就被称为"神山"。它形成于白垩纪中期，距今大约9000万年。冈仁波齐峰山体上有两道巨大的冰槽，横竖相交，构成"卍"形符号。古象雄文明时代产生文字后便将此符号称作"雍仲"，其含义演变引为"永恒不变""正义驱邪"与"吉祥如意"。"卍"形符号同时也是西藏雍仲本教的教徽，佛教后来沿用了这一符号。二战时德国纳粹党标志由希特勒借用"卐"形符号而成，但纳粹党标志的方向是斜的顺时针方向，并用黑色，而传统信仰中代表吉祥美好的"卍"是逆时针方向，为明亮的红黄色。

其次是人类迁徙史的视角。跨越青藏高原的中华民族迁徙史书写了人类迁徙史上最伟大的篇章。全球科学家（包括中国科学家在内）参与的人类基因变异研究表明：中国人的祖先源于东非，汉、藏、苗等少数民族本出同源。大约5万年前，中华先民开始从南亚地区进入中国内陆，他们经过多次迁徙及体内基因突变，逐渐分化成为各个民族。中科院昆明所的研究员宿兵，于1996年在DNA中找到了汉藏同源的证据，他发现汉人和藏人在M122以及在其分支M134上都有相同的突变。同时，宿兵研究员通过对Y染色体主成分进行分析，发现藏族的突变频率和汉人最接近，这意味着在藏缅语系的诸多民族中，藏族和汉族最为接近，他们分化的年代约在7000年至10000年前。复旦大学生命科学学院人类学系李辉教授的分子人类学研究，进一步描绘出中华民族的迁徙线路。专家取样的12000个中国人的样本中，有11311个样本在M89的位点上发生突变。这个突变标记在黄种人到达东南亚时就已形成，在这里进行了很长久的活动。之后他们将要进入中国，分化出现在的汉族。李辉的研究成果表明：M122突变大约发生在3万年前，那时中国陆地上的许多山脉被积雪长年覆盖。除了有少数棕色人在黄河、长江流域活动，更多的地方显得空茫一片。这时候，当中国陆地上的冰川不断地消融时，一支带有M122突变的族群开始进入中国。主要的一支沿着泰缅漏斗区，在青藏高原和云贵高原的接合部进入横断山脉纵谷区，然后溯北而上，最终在距今1万年前左右时到达了黄河中上游的盆地以及河套地区。这批汉藏语系的祖先也被后人称为"先羌"，他们就是汉族与藏族人的共同祖先，也是中华民族的祖先。这支中华先民在出发时头颅还很圆，又因为地中海贫血基因的关系，有大鼻子、厚嘴唇等特征；而到了高原之后，他们摆脱了疟疾病患，加上缺氧，地中海贫血基因的人进行了大量自我淘汰，存活下来的人脸都变长，线条棱角变得如同刀削般硬朗。在漫长的迁徙行进中，他们的语言发生了变化，这也许是口耳相传所致；听的人觉得你在讲一个字，然后再复述时就变成另外一个音了。经过长达万年的迁徙，在他们的体内M122的基础上又诞生了一个新的突变M134。这样一直到6000年至8000年前，由于粟谷农业的出现，新石器文化开始在该地区发展。人口的增长使群体必须扩增新的居住地，汉藏语系的两个语族开始分野。其中一个亚群在M134的基础上又发生了M117的突变。他们带着这个突变继续向东行走，一直到渭河流域才停留下来。他们掌握了农业文明，开始以农耕为生，这个群体就是秦人，也就是后来所称的汉人。更为重要的是，藏汉两个族群虽分道扬镳，但在迁徙早期跨越高山大水的共同经验，已深深地烙印在他们的血脉里，在往后的历史中，他们书写了各自不同的对高山大水——"神圣山水"的灵性篇章。

再次是古代东方的神话与宗教的视角。中国的雄伟山脉与江河大川，千万年来向中华民族昭示着永恒的生命真理，并提点出感恩"神圣"的表现方式——在海拔5000米以上雪峰与阳光对接。当我们知晓了古代地中海文明域自古对太阳神的崇拜、"光明之神"阿胡拉·玛兹达所表征的索罗亚斯德教信仰之后，文字层面的表述就转化为物质形态的直观，同时上升为艺术灵魂的动姿；它犹如一只雄鹰鼓起双翼飞向苍穹，丈量出人类精神最大的垂直向度，以"神圣山水"的名义回馈神明对东方大地的垂青。对藏族人来说，山的高险与水的凛冽虽然是一种苛刻的生存环境，但其"崇高"的美学特征与西藏人的精神信仰崇拜十分对接。可以说，西藏象雄文化的神性受到了"神山圣水"的引导。在象雄文化的本教中，冈仁波齐是雪域藏地的制高点，也是青藏高原的灵魂。这种认识弥散在东方各种古老的宗教之中。神山冈仁波齐的外观是一座标准的金字塔形雪山，也是多个宗教的神山，梵语称为"吉罗娑山"。相传雍仲本教就发源于该山；印度教认为该山为主神湿婆与其神妃乌玛的居所、世界的中心；索罗亚斯德教认为该山是光明之神的驻留地；在耆那教中，冈仁波齐峰被称作"阿什塔婆达"，即最高之山，同时是耆那教祖师瑞斯哈巴那刹得道之处；佛教认为冈仁波齐峰是"须弥山"即清静世界之所在；藏传佛教则认为此山是"胜乐金刚"的住所，代表着无量幸福。因此长年在此处转山的各教派信徒不断。扎敦·格桑丹贝坚赞（1897—1957）所著的《世界地理概说》中记载："里象雄应该是冈底斯山西面三个月路程之外的波斯、巴达先和巴拉一带……中象雄在冈底斯山西面一天的路程之外。"

对藏族来说，山的高险与水的凛冽虽然是一种苛刻的生存环境，但其"崇高"的美学特征与西藏人的精神信仰崇拜十分对接。可以说，西藏象雄文化的神性受到了"神山圣水"的引导。按照雍仲本教经典表述，一条从冈仁波齐而下的神圣之河，注入了不可征服的湖泊玛旁雍措。冈仁波齐峰形状酷似金字塔，四壁非常对称，从南边望上去可以看到它著名的标志，由垂直而下的巨大冰槽与横向的岩层凹槽构成了"卍"形。佛教认为，这是精神力量的标志，意为佛法永存，也象征着吉祥与护佑。

最后是艺术的"图形学"视角。当文字因自身的局限而无力上溯更久远的历史时，图像仍能继续叙述，甚至能还原出历史的真实图景；当然这需要想象力的介入。从图形学的角度来看，光明之神阿胡拉·玛兹达具有一对雄鹰的双翅，本教中的大鹏崇拜，婆罗门教、佛教的飞天……它们与中国古代的龙、凤有着同源的关系，其源头都是青藏高原、冈底斯山、冈仁波齐、玛旁雍措。如今，我们从那些前往冈仁波齐雪峰朝拜的信众身上，可以感受到超越时空的古老信息；他们来自世界各地，虽有语言、民族、肤色的差异，但对神山圣湖的笃信却跨越时空，将人们的心灵牢牢地凝聚在一起。

通过上述讨论，我们得以在一个大历史观的层面来重新审视中华山水精神，它不再是狭义的中国美术史意义上的、以道家闲适意象为主的山水精神，而是一种更为深沉厚重的超越的精神，就这个意义来讲，中华山水精神实际上就是神圣山水精神，它的复兴也是"东方文艺复兴"的主体内容。

第3节　从金碧山水到神圣山水

自两宋以降，"中国山水画"成为一个狭义的范畴与既定的模式，山水精神从上古时代整体民族对神圣山水的敬仰蜕变为文人士大夫的个人家国情怀。这种蜕变不仅体现在描绘的主题对象方面，同时体现在色彩方面。中华先民迁徙时代的大山大水，显示着蓝天白云之下色彩饱满的张力，这种张力在隋唐时期的"金碧山水"中有突出体现；但"安史之乱"后便急转直下，五代十国时期全部变为黑白山水，色彩不复存在。难道中国画家们的视网膜经验一夜之间发生了改变，被做了眼科手术？当然不是。不言自明，这是心态的变化。"割让幽云十六州"是烙印在宋朝人的心头之痛，因此五代时期的山水画家们笔下的山水画失去了色彩。这使人不由得想起匈奴人遭汉武帝痛击失败后，被迫西迁时的悲歌："失我祁连山，使我六畜不蕃息，失我祁连焉支山，使我嫁妇无颜色。"

从创造心理的角度来看，《溪山行旅图》《富春山居图》都是写实的，是现实中可居可游的山与水；而大小李将军画的金碧山水（青绿山水）则是写意——写胸中之意气，表达的是盛唐时代人对于大好河山的豪情。从太宗、高宗、武皇到玄宗，那个时代对于西部的大山大水具有一种"舍我其谁"的气魄，颜色也是随着想象而画上去的，是真正的"随类赋彩"。一般理解"随类赋彩"是指事物的类别，其实是指画家

彩虹即将展现云端（丁方绘）

根据自我心中的情怀而对物象施色赋彩。传统纸本水墨山水是跟着中原的地形地貌走的，烟雨之气，植被葱茏，以及岩石的各种皴法、描法，山石的勾勒法，树的画法等，后来都被总结在《芥子园画谱》里。而"金碧山水"是与唐朝建立北庭都护府、安西都护府和月氏都督府并行，控制了整个西域与中亚地区，心气达到一个前所未有的高度；它既是对中华民族迁徙来路的回溯，也是对穆天子西行的心理投射。《穆天子传》充满豪情，周穆王带七萃之士，驾驭八骏，采玉万乘，至桑斋湖射大鸟而归。桑斋湖在中亚的哈萨克斯坦，位于葱岭南麓，如何越过至今仍是个谜。

圣湖玛旁雍措距离神山60公里，这个地方非常神奇，碧蓝如青金

石，虽然青藏高原上没有青金石，但是上天却把水的颜色变成了青金石，而青金石产地在青藏高原南麓。可以说，西藏文化的神性是中华文化的神性表达，"神山圣水"的引导使得留存在西藏文化中的神性深植于这片神奇土地，它本来就是中华上古文化的组成部分，由于民族迁徙和文化的位移，造成了目前汉地文化对"神山圣水"的疏离远隔。如今，"一带一路"人类文化共同体与东方文艺复兴的理念引领我们重新跨越历史的阻隔，返回到中华民族在上万年前曾经经过此地，把神山圣湖当做前行动力和圣人智慧的象征物，不忘初心、追根溯源。

在"神圣山水"的行动中，艺术家的灵魂将回归垂直向度的神秘体验，它与东方伟大山脉的攀登经验惊人叠合，使人不免想到释迦牟尼与兴都库什山脉雪峰、冈仁波齐峰，耶稣曾经去过的洪荒旷野，以及古老的象雄文明与神山圣湖的关联；伟大的自然地理升华为精神力量，为信仰诞生奠定了基础。摩西率领犹太人从埃及出走，跨越红海，经西奈山向耶和华允诺的"迦南之地"行进；在经过西奈山的时候，摩西与耶和华立约，标志着犹太民族自身心性的成熟。可见，艰苦卓绝的地理穿越和巍峨壮丽的山川是塑造伟大民族的必然条件。

　　神圣山水的话语依据是《山海经》和"昆仑神话"，而昆仑神话的核心价值是中华民族英雄史诗，它产生于艰苦的迁徙路途；先民首领率族人在洞察洪荒世界、舍命战天斗地的过程中，锻炼出英勇无畏、吃苦耐劳的民族精神，最终通过成功打造华夏农耕文明形态，在广袤的中原大地上建立了"诗意地栖居"的家园。我们可以想象，中华先民最英勇无畏的一支，在部族领袖——类似夸父、后羿、共工、女娲、伏羲、仓颉这些视死如归的英雄的带领下，翻山越岭、涉水跨越。在这无比艰难的过程中，不仅要善于观察，识别图腾，还要精通堪舆，悟通神灵，这批杰出的领袖是由迁徙征程磨砺打造出来的。图腾、巫术、通灵和祭祀通常发生在什么地方？摩崖石刻前面。人们在那里获得启示，判断前进的方向，得知什么时候该停留、什么地方该转弯。那些摩崖石刻上的刻画重重叠叠，一般都有几千年甚至上万年的历史，中国人对书法金石的血脉记忆，从这里开始。古代成语"高山流水"意义深远，这里面积淀的时间与空间超出我们的想象。"高山"是指垂直上下、晶莹冰顶的真正高山，如梅里雪山、贡嘎雪山；高山中的流瀑，如一条银练从黝黑岩壁上飘落，那种逶迤而下的形态令人感动，完全是纯粹中国的审美体验与痕迹，亘古不变。这种垂落上千万年的水流在岩石上留下的痕迹，正是所谓"屋漏痕"的源头。再早的屋子也不会超过5000年，而"大地之屋"则已有数千万年。

　　总之，中华先民领袖的眼光极富穿透力，他必须通过仰观天象、俯察大地而看透各种事物，如此才能率领族人走向理想之地。同时，能胜任首领的人一定是有崇高品德之士，所以有"仁者乐山，智者乐水"的格言，意思大仁大德者就像山一样，岿然屹立、永恒不变。能与大仁大德者齐平的山，都是海拔5000米以上的高山，闪耀着如天国般瑰丽的光色，只是那时还没发明绘画工具。但先民们会用神话传说和摩崖石刻来表达，从《山海经》、"昆仑神话"中可窥一斑；而何为"仁者智者"，则以玉作为象征物。从地理、地质学的角度看，青藏高原有一个特征，就是在它的南麓出彩色的石头，青金石、绿松石、孔雀石，以及红宝石、蓝宝石等，而青藏高原的北麓只出产黑白的石头——玉，这是上天的安排。为什么有"青金石之路"？中原王朝需要消费彩色的石头，那就要从青藏高原的南麓——犍陀罗、天竺、巴克特里亚、索格底亚纳以及"昭武九姓"所在之地运过来，这是丝绸之路最重要的物品之一，当然还有香料、象牙、珍奇动物等。中国反馈的是丝绸、茶叶和一些其他特产。

　　中国具有培育神圣信仰的大地基质，这可在许多古代文明化石现象中找到印记。我们今天看到的藏民磕长头的行为举止，实际上是藏羌先民迁徙过程中的符号凝聚。从古轩辕国、西王母国到象雄文明以及雍仲本教，它们的子民化身为崇拜行为的古老化石，其身体姿态饱含着对生存母土、大山大水的敬仰感恩之心。"磕长头"为等身长头，五体投地匍匐，双手前直伸。每伏身一次，以手画地为号，起身后前行到记号处再匍匐，如此周而复始。遇河流，须涉水、渡船，则先于岸边磕足河宽，再行过河。虔诚之至，千里不遥，坚石为穿，令人感叹；如今这些已沉淀为某种超越语言的身体记忆，而流淌在一代又一代中华子民的血液之中。

所谓复兴中国的山水画，就是要超越由毛笔、纸本、水墨的小山水景观，而复兴大山水境界——神山圣水；那里不仅仅是藏民的聚居地，更重要的是中华民族的迁徙来路，它曾经奠定了我们的气质和性格，只不过后来失落了，如今需重新拾回。大山水，绝大部分是地球相对年轻的地貌——火山岩，它从大地深处持续抬升，恰好象征着东方复兴。火山岩的特征就是上面不长植被，赤裸的岩体结构，犹如巨人的筋骨脉络；它绝对不是可居可游之山，以往不被纳入中国传统山水画的视野。但也有例外，那就是盛唐时代的"金碧山水"，也叫"神圣山水"。所谓"金碧山水"，是以泥金、石青和石绿三种颜料作为主色，比"青绿山水"多泥金一色。泥金一般用于勾勒、皴染山廓、石纹、坡脚、沙嘴、彩霞以及宫室楼阁等建筑物。应借鉴盛唐"金碧山水"的形式，构建"神圣山水"新形式，以此来复兴上古中华大山水理念。盛唐的金碧山水具有神圣山水的内在气质，对山的描绘是相当浪漫的，似乎是一种"假山"；这个"假"就是不按照通常的视觉经验，而是描绘心中之山。那些垂直上下的山体似乎是内在发光，因为它自身就是一个发光体。

"神圣山水"的创新是指在美术本体内部的复兴与创化，而非绝对意义上的创新，这是由主题对象所占据的时间与空间决定的。国际当代艺术潮流认为绘画已过时，这种看法对中国来说非常片面。实际上，无数中国艺术家的创作证明，东方绘画的潜力发掘刚刚开始，方兴未艾。"神圣山水"将使人们亲身感受东方伟大的地形、地质的绘画呈现。它与"技术艺术学"的构建平行，在艺术创作过程中打造新型绘画材料体系。它不是那种为了追求都市时尚的新型化工材料或复合材料，而全部采自东方大地本质材料：昆仑山地区的矿脉，河西走廊五彩地貌的五色土，敦煌的颜料——密陀僧、绛矾、铜绿、雌黄、雄黄、云母粉、叶蛇纹石等，以及葱岭南麓的原始矿石——青金石、绿松石、祖母绿、红蓝宝石等，经由系统研发而成为新型的绘画质料表现。这个体系将成为东方大陆自然地理变为文化最终上升至精神地理的符号，也是普罗提诺光的形而上学"下降之路与上升之途"的另一种表达。

"神圣山水"的愿景，是依托东方伟大自然地理而复兴中华传统文化，它不仅是从艺术家臂力所及来进行艺术表现，而且要将血肉之躯的体验行走，纳入影像科技的超级视觉表现情景之中，立体呈现东方文艺复兴震古烁今的内在精神力。因此在展陈方式上，"神圣山水"绝对不落入以往那种在展厅中挂几张画作、竖几块文字展板的窠臼，而是全力创新，运用全媒体的强力手段来凸显追求崇高艺术大美的灵魂；恰恰是通过这些艺术家生命汗水的付出与摩擦大地的体验，将东方最伟大的地理景观——山脉与河流，烙入生命血肉记忆之中。整个过程应该是"画面＋音响＋动态影像"，甚至加上航拍高科技，如同从天国向大地眺望，与神圣同在。将这种情怀与"艺术＋科学"的综合表达，共同汇聚成一个覆盖人整体感官的大气场，从这里发出的强大精神脉冲，可击穿历史与未来。

本章启示：

本章启示：东西方自然地理的差异，对塑造民族精神有何影响？

东西方自然地理的差异，对于塑造民族精神有根本性的影响。亚洲大陆（东方大地）因青藏高原崛起、地形垂直起落，而形成一系列非地带性分布的气候，东南部湿热多雨，西北部寒暑严明。这些酷烈气候塑造了东方民族吃苦耐劳、内敛含蓄，纪律森严、统一号令的性格。而欧洲地区大多为内陆海洋性季风气候，湿润多雨、树林茂盛，故民族性格个性鲜明、开朗豪爽，自由奔放、能歌善舞。

图书在版编目（CIP）数据

丝绸之路文明启示录 / 丁方著. —— 南京：江苏凤凰美术出版社，2020.12

ISBN 978-7-5580-7964-1

Ⅰ.①丝… Ⅱ.①丁… Ⅲ.①玉石–文化–中国–古代 ②丝绸之路–文化史 Ⅳ.①TS933.21 ②K203

中国版本图书馆CIP数据核字（2020）第207572号

本书系国家社科基金艺术学重点项目《当前中国美术创作重大问题研究》（项目编号：16AF005）研究成果。

责任编辑　　王林军　高　森
书籍设计　　高　森
插　　画　　洛　齐
责任校对　　吕猛进
责任监印　　张宇华

书　　名　　丝绸之路文明启示录
著　　者　　丁　方
出版发行　　江苏凤凰美术出版社（南京市湖南路1号　邮编：210009）
出版社网址　http://www.jsmscbs.com.cn
制　　版　　南京新华丰制版有限公司
印　　刷　　南京爱德印刷有限公司
开　　本　　889mm×1194mm　1/32
印　　张　　10.875
版　　次　　2020年12月第1版　2020年12月第1次印刷
标准书号　　ISBN 978-7-5580-7964-1
定　　价　　78.00元

营销部电话　025-68155792　营销部地址　南京市湖南路1号
江苏凤凰美术出版社图书凡印装错误可向承印厂调换